みらいの里山つくり

植物工場からオーダーメイド野菜が届く

関西学院大学サイエンス映像研究センター［編］

森　一生

岡明理恵／畑　祥雄

1日6,500株のレタスを森久エンジニアリングの「みらいの里山」技術で生産する石川県のAzumer植物工場。

関西学院大学出版会

播種(種まき)から育った苗は、1株づつ白いセルに植え、大きく育つように間隔をあけ育てる。

肥沃地と同養分を根から吸い上げる水耕栽培と、太陽と同じ波長の光線を浴び、無農薬で育つレタス。

世界で初めて水耕栽培で作られた玉レタスは、農薬を使わず栽培され、洗わず外葉まで食せる。

玉レタスの真ん中は新鮮な甘みが口の中に広がり、ドレッシングいらずで野菜好きファンが増える。

「マイ野菜市民農園」は、家族で育てるトマトやキュウリなど多品種な野菜で、食育に役立てる。

みらいの里山つくり　もくじ

はじめに　政策の総合化で農業を強くする　6

第1章　植物工場の人工光で育つ野菜の本当の役割

1　完全無農薬で安心安全な植物工場野菜　8
ヨーロッパの植物工場／無農薬栽培ができる日本の植物工場／植物工場野菜は土ではなく水で育つ／有機肥料・無機肥料のイメージ／有機栽培にまつわる誤解

2　野菜が太陽光ではなく、人工光で生き生きと育つ理由　14
北欧から日本へ、植物工場が上陸／どんな光が野菜に良いのか／LEDでコストは削減できるか／反射板の大切な役割

3　安定品質・無農薬の植物工場野菜が外食産業へ　22
外食産業が求める安定の野菜／17年前の植物工場ができたころのお話し／少しだけ知ってほしい野菜の値段のこと／露地野菜を安く売りさばくスーパーとコラボするか？／業務用野菜の需要に応える／野菜の市場を露地と植物工場で補い合う

4　野菜の栽培でエネルギーを有効活用する　28
余った電力で植物工場が動く／水を無駄遣いしない循環式

5　ニーズに応える野菜をつくり、IOTで食卓に届ける　29
露地野菜と植物工場野菜の違い／生産者と透明度の高いマーケットを作る

第2章　生活者が望むマーケットインな野菜を食卓に！

1　植物工場との出会い　33
宇宙センターに迷い込んだような

2　野菜を取りまく現状　35
　　野菜の目標摂取量／子どもは野菜好き？　嫌い？／10〜20代のダイエットが気になる女性と、食に無頓着な男性の食生活／高齢者の食生活

3　世代に合わせた野菜の食べ方で一家団らん　40
　　子どもの野菜嫌いを克服するには／高齢者を囲む食卓／未来をつなぐ世代への働きかけ／家族を思う子育てママと野菜

4　安心・安全な野菜を植物工場で　46
　　植物工場での野菜の育て方／植物工場＝レタスだけではない

5　料理教室で伝えたい野菜のポイント　47
　　野菜を知ることから始める／収穫時期に合わせた調理法／料理方法で栄養が変わる！／植物工場野菜は美味しい？／野菜をおいしくコーディネート

6　植物工場野菜の豊かな可能性　52
　　露地栽培と植物工場の併用時代が来る／生活スタイルに合わせて野菜を選ぶ／野菜とオーダーメイド／野菜の旬と栄養価／生活者と生産者が共につくる野菜／オーダーメイド野菜を家庭に宅配で

第3章　農業は環境問題につながる

1　地球温暖化による農業への悪影響　58
　　温暖化の影響／大気汚染による影響／風評被害と農業

2　リン鉱石の枯渇は深刻な問題　60
　　リン酸はなぜ野菜に必要か／リン酸供給の現状／深刻なリン鉱石の枯渇／農業従事者がやるべきこと

3　農業による環境汚染の拡大　63
　　農薬による環境汚染／化学肥料による環境汚染／農地からの温室効果ガス排出

4　人口増と食糧危機は地球の苦悩　65
　　世界の食糧不足問題／他人事ではない、日本への食糧危機の影響

5　植物工場によるソリューションで未来を拓く　67
地球の環境変動への解決策／食糧不足への答え／安全性の証明と安心の食を消費者に

第4章　座談会　野菜の生産がマーケットインの時代になる

1　植物工場野菜の多様性が見える　69

2　入院中や病後、高齢者の食事に栄養価の高い植物工場野菜を活用する　71

3　大きさや味をカスタマイズできる、オーダメイド野菜の魅力　73

4　野菜が嫌いな子どもへのアプローチ　74

5　これからの露地農業と植物工場の合唱で食卓を豊かにする　76

第5章　植物工場の基礎知識

1　植物工場の種類　78
太陽光型／完全人工光型

2　水耕栽培の種類　80
循環式水耕栽培／ミスト耕／NFT (Nutrient Film Technique) 式水耕／DFT (Deep Flow Technique) 式水耕

3　栽培できる野菜（約100種）　82
栽培に向いている野菜／栽培に向かない野菜

4　露地栽培野菜との違い　84
重要なのはコスト意識／コストから見る収穫適期

5　肥料の管理について　86
露地栽培の施肥／植物工場の施肥

第6章 植物工場のコストと運用

1 イニシャルコスト　88
建設前／設備費／プラント建設

2 ランニングコスト　91
電気代をコントロールする／電力をいつ使うか／深夜電力の活用／人件費／その他のランニングコスト

3 オポチュニティコスト　94
機会損失を防ぐためにやるべきこと／工業の目から農業を知ることも大事

4 安心・安全・安定と衛生管理について　97
植物工場の衛生管理／設備面から防ぐ菌の侵入

5 野菜の病気と対策　98
野菜の病気は重大トラブルにつながる／変化に気づける目利きの力

第7章 適切な種子の選択から始まる科学農業

1 使える種・使えない種　100
露地農業とは違う種の選びかたと扱い／安定供給される強い種が必要

2 肥沃な土地と同じ養分の養液が育む　103
肥沃な土地とは／植物工場の養液は「肥沃な土地」

3 温度の安定が野菜の成長と味に与える影響　104
野菜と気温の関係／いい野菜の定義

4 気候変動に左右されない出荷時期で安定供給が可能に　106
植物工場野菜は常旬野菜／生菌数が少ない日持ちする野菜

5 トレーサビリティで安心・安全・安定が保証できる農業へ　109
生産から流通までの情報を明らかに／流通改革が食生活を変える

第8章 植物工場とマーケティング

1　従来型農業の現状と課題　111
農業が抱える問題／TPPで日本の農家を世界へ

2　食糧市場ニーズ　113
失敗する植物工場の理由／売り込みには商品企画が大切／植物工場の価格決定／多様化する食に向けて

3　マイ野菜市民農園の成果と課題　116
高齢者に優しいビル中の農園／市民農園で作る楽しさを体験

4　プレミアム野菜の需要と供給体制　118
同じ生産方式のネットワーク化／世界に通じるモーベル野菜の魅力／差別化で競争を避ける

5　拙速な海外へのプラント輸出は避ける　120
輸出による想定内リスク／ダノンヨーグルトの例／日本の農業への打撃は必至

まとめ　未来農業への提言　123

はじめに　政策の総合化で農業を強くする

畑　祥雄（関西学院大学総合政策学部教授）
（関西学院大学サイエンス映像研究センター長）

　日本列島の農業起源を遡ると、青森県の三内丸山遺跡の縄文時代は狩りと共に木の実などを食した世界的にも稀な狩猟採取生活であり、大阪の池上・曽根遺跡の弥生時代には大規模な環濠をもつ稲作を主とする農耕生活が始まった。その後、日本の農業は四季の恵みや地域の特性を活かし多種多様に豊かな里山文化へと日本列島を発展させてきた。

　しかし、農業立国から工業立国へと大きく変貌をしていく富国強兵政策を国是とした明治時代から現在に至るわずかな期間に日本列島の風光明媚な自然は切り崩され、紡績産業から重化学工業へと急速に産業構造を転換していった。自然と人間の共生で成り立っていた日本の農業と自然環境はわずか150年ほどで窮地に追い込まれているのが現在である。この経緯と今を起点とした未来の農業を考えるとき、農業問題を個別に扱うのではなく、分野を横断した総合的な政策立案と国境を越えた地球規模の問題とも向き合いながら、次善の解決策を見つけなければならない。

　「植物工場」はこの文脈のなかから、農業と工業による近代の学術知識の並立を越え、「総合的な集合知」をもつ新しい産業として明確なビジョンの共有を創り出さなければならない。そのためには、生産者や供給組織の慣習的商法に変化を加え、生活者や外食産業も含めた社会システムとしての流通体制などの確立へと関連分野の融合が求められる。同時にTPP条約によるグローバル化のなかで、適正温度4℃によるコールドチェーンでの野菜輸出を促進するのか、あるいは植物工場の輸出による特許技術の拡散をも覚悟した政策を推進するのか、総合的な見地から科学農業にかかわる産業政策のあり方を決めなければならない。

また、少子化社会を迎え都市はコンパクトシティへと再生を迫られ、郊外の高齢者が買い出し難民になる対策に宅配野菜が求められ、子どもの数が多い時代には大きな大根や白菜が必要であったが、今は老夫婦が食べきれる小さな野菜なども求められている。時代や人口や年齢などに合わせて農業に求められるものが急速に変容してきている。さらには、温暖化や集中豪雨などの気候変動と地震や津波など大規模災害による農業損失、pm2.5による農作物被害など一国で対応することができない深刻な問題にも直面している。「太陽と土」による農業は、じつは栄養価や農薬残留を根拠もなく信じることで成り立っていた。

　「植物工場」はこれらの難問にしなやかに対応できる科学農業であることがあまり知られていないが、この本では農業を科学し採算性と安定供給をめざす経営感覚から第1章と第2章6節、第3章から第8章1・2・4・5節までを執筆した森久エンジニアリング代表取締役の森一生氏と、生活者が望む野菜を食卓に届け楽しく健康を導く第2章6節までを執筆した野菜ソムリエの岡明理恵氏、さらには、食べることから健康と医療とをつなぐ管理栄養士の小野裕美氏も参加した第4章の座談会では、露地栽培野菜と植物工場野菜の食卓でのコラボレーションが明らかにされていく。旬な野菜と季節外れ野菜の栄養価には大きな差があることや、野菜の栄養価が戦後70年間に著しく減少していることなど、知られていない現実に驚かされる。

　この本は、農業と工業、露地栽培と植物工場、蛍光灯とLEDなどの不毛な対立を越える精神に基づいて記述されている。危機に追い込まれる日本農業に総合的な見地から希望の光を与える本として食卓の脇に備えられる一冊の本になることをめざし発刊することになった。

第1章
植物工場の人工光で育つ野菜の本当の役割

1 完全無農薬で安心安全な植物工場野菜

●ヨーロッパの植物工場

　植物工場の概念は北欧で生まれました。寒さが厳しく、季節によって日照が乏しくなる北欧で効率的に野菜を栽培する方法のひとつが、人工光を補助的に使った植物工場だったのです。

　そもそもヨーロッパは、世界的に見ても農業国が非常に多い地域です。各国で生産された野菜がヨーロッパ全土に販売されるため、流通エリアは日本とは比べものにならないほど広大です。そのため、鮮度を維持するために葉野菜の多くが土がついた状態で出荷されます。根が生きたまま輸送されるので日持ちがするのです。

　ただし、土がついた状態で配送されるため、生菌数が増えてしまい、虫もつくというデメリットがあります。それでもこの出荷方法がとられている理由は、ヨーロッパの人々に「野菜には虫や菌がついていて当たり前」という認識があるためです。実際に、市場では野菜や果物のまわりを虫が飛び交っていても、売るほうも買うほうもそれほど気にしていません。

　ヨーロッパのこの農業観は、植物工場のあり方にもそのまま現れています。広大な平野部が広がるヨーロッパでは、一般的に太陽光の補助として人

第1章　植物工場の人工光で育つ野菜の本当の役割

工光を利用した植物工場が普及しています。太陽光をメインに利用することで照明にかかわる電気代はコストダウンできるうえ、それ自体は環境に優しいものです。しかし、太陽光の熱によって工場内の温度が上がらないよう工夫する必要があります。そこで一般的に、天井部に開閉できる窓を設置し、工場内の温度が上がると窓を開けて熱を逃がすという方法がとられています。ところが、窓を開ければ虫が工場内に侵入します。虫を駆除するためには農薬を散布しなければなりません。ヨーロッパでは、そんな発想のもとで植物工場が運営されています。

　日本ではどうでしょうか。虫食いで穴が開いた野菜を買いたいと思う人はいないのではないでしょうか。こういう野菜は商品としての価値が大きく下がるか、もしくは売り物になりません。日本の消費者の衛生に対する考え方は、世界でもトップレベルです。そこで、虫をつけずきれいな状態で販売するために、農薬が発達してきました。農薬は、簡単にいえば殺虫剤です。もちろん人間にとっても良いものではありませんが、毒というほど害は大きくありません。見た目をきれいにするために少々の農薬には目をつむる、というのが、日本の露地栽培による農業の考え方です。

　しかし、安全・安心な食が見直されている現在、減農薬や無農薬の野菜栽培が注目を集めています。そして食の安心への願いは、植物工場の栽培体制の増加にもつながっています。

●無農薬栽培ができる日本の植物工場

　ヨーロッパの植物工場の概念が日本に上陸したのは、1970年代です。当時、この新しい農業の概念に対し、日本流にどのように同化・吸収するかが課題となりました。日本はヨーロッパと違い平地が狭いので、生産効率を上げるためには、栽培スペースを横に広げるのではなく、上に積み重ねる必要があります。何段にも積み重なった栽培面には影ができるため、太陽光を使うことは難しい。そこでおのずと、太陽光のかわりに熱波長をあまり出さない人工光を使うという選択肢をとることになります。

　消費電力を極力抑えるため、植物工場には窓を設けず断熱性の良い壁面で

覆い、太陽光のかわりに野菜用に選んだ波長の蛍光ランプやLEDで照らします。ランプを使うと部屋の温度が上がるので、エアコンをつけて栽培に適した気温に調整します。清潔なベッドには、野菜の成育が最適化するように処方した肥料が溶け込んだきれいな水が、いつも循環しています。野菜はここで各種のセンサーや人に見守られながら育っていきます。外から虫が侵入しないため、殺虫剤である農薬をまく必要がなく、土がない環境なので、大腸菌が付着する心配もありません。細菌も害虫も混入しないクリーンな空間、これが日本の植物工場です。

●植物工場野菜は土ではなく水で育つ

　野菜を栽培するうえで、土にはいくつかの大切な役割があります。まず一つ目は、「野菜を支える」こと。二つ目に、「水や肥料や空気を根に供給する」こと。土は粒子ですから、粒と粒のすき間に空気が含まれており、これを根が吸収するのです。三つ目に、「根を保温する」ということ。露地栽培では、季節によって外気温が大きく変化します。その変化から守るのが土の役割。たとえば夏場、外気温が30度を超えても、土の保温効果によって根は適温が保たれています。

　そしてもう一つ、大きな役割があります。それが、微生物の働きです。土の中には微生物が生息しており、そのおかげで干渉作用が働いて、外敵の侵入を防いでくれるのです。また、土の中の有機分を野菜が吸収できるように分解する役割もあります。非常に大切な働きをしてくれる微生物ですが、一方で一番のくせ者でもあります。

　微生物には善玉と悪玉がありますが、これを機械などでキャッチすることはできません。野菜の状態が変化してはじめて、善玉が増えた、悪玉が増えた、とわかるわけです。目に見えない菌の存在。それが農業の難しさの一つでもあります。

　それなら、菌をゼロにしてしまえば農業はもっとわかりやすくなるのではないでしょうか。菌や微生物をゼロにする方法、それは、土をなくすこと。つまり、水で野菜を育てる水耕栽培をすることです。植物工場では、土耕栽

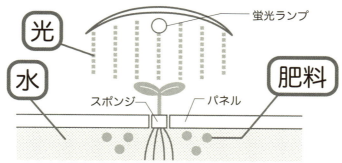

植物工場の野菜は水と蛍光灯で育つ

培ではなく水耕栽培を行っています。「野菜を支える」という土の役割は、清潔な栽培ベッドやウレタン培地がかわりに行います。また、「水や肥料、空気を根に供給する」こと、「根を保温する」ことは、水に酸素や肥料を溶かし、温度調節された養液がかわりになります。

　植物工場は露地と比べて回転数が高く、一つの植物工場で毎日何千株、何万株もの野菜を収穫します。これを、土耕でやろうとすると何度目かで土が痩せてしまい、野菜の品質が落ちてしまいます。水耕栽培なら水を入れ替えればよいだけなので簡単です。植物工場は、天候や気温、微生物の働きなど、経験と勘が必要な農業の難しさをすべて見える状態にすることで、農業の素人でも野菜の栽培ができるようにしたシステムです。

　温度や光の強度や肥料濃度など、野菜が育つ環境のすべては機械でコントロールすることができます。つまり、野菜が良好に育つ環境を自在につくれるのです。

●有機肥料・無機肥料のイメージ

　水耕栽培を行うということは、肥料には無機肥料、つまり化学肥料を使うことになります。時々、植物工場でも有機肥料を使えばいいと言う方がいるのですが、有機肥料での栽培は土耕だからできることです。なぜなら、土の中の微生物が有機肥料を発酵させることにより、窒素・リン酸・カリウムなどの無機物に変えて、野菜が肥料を吸収できるようになるからです。野菜

は、有機物を吸収することができません。微生物が有機肥料を発酵させ、窒素・リン酸・カリウムに分解したものを野菜は吸収しているのです。水耕栽培では、肥料を分解してくれる微生物がいないので、最初から窒素・リン酸・カリウムという無機の状態で施肥する必要があります。そのため、有機肥料ではなく化学肥料を使っています。

　有機栽培・オーガニック栽培で育てた野菜は、健康的で環境にも優しい。そんなイメージがあります。実際、有機肥料を使うと、微生物がゆっくりと肥料を発酵させていくため肥料濃度が一定に保たれ、品質の安定した良い野菜ができます。ただ、有機肥料を使っているから特別体にいい、というわけではありません。逆に、化学肥料を使っているから体に良くない、というわけでもありません。「化学肥料」と聞くと人の健康や環境に良くないようなイメージがあります。たしかに、化学肥料の撒きすぎは土壌を汚染し、環境に悪影響を及ぼします。しかし、化学肥料そのものに害があるわけではありません。化学肥料に含まれる窒素もリン酸もカリウムも、本来自然界や人間の体にすでに含まれている物質で、毒薬ではないのです。つまり、有機肥料と無機肥料の何が違うかというと、微生物が分解するかしないか、ということだけ。野菜に吸収される肥料の成分はまったく同じです。

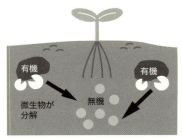

有機肥料は大きすぎるので、土中の微生物によって無機物に分解されないと根から吸収できない。

化学肥料は植物の栄養そのものを化学的に合成して作ったもので、吸収される成分は有機肥料も無機肥料も同じになる。

植物工場では、粉状の肥料を水に溶かして使います。濃度は機械で管理されるので、一定を保つことができます。過剰な施肥で水が汚れてしまうという心配もありません。ということは、植物工場で使う化学肥料は、露地栽培で使う有機肥料と同様に、安定した品質の野菜づくりができ、環境への負荷も少ないということです。しかも無農薬で栽培できるので、指定農薬を使用している有機栽培と比べてもさらに安心・安全、といえます。

●**有機栽培にまつわる誤解**

一般的に、有機肥料は安全で無機肥料は体に良くないようなイメージがあります。しかし先に述べたように、野菜が吸収している栄養素はどちらも窒素・リン酸・カリウムです。野菜そのものの安全性に違いがあるわけではありません。

「有機栽培」は、安全で品質の良い野菜がつくられているという強いイメージがあります。しかし実際のところ、有機栽培だから有機肥料しか用いられていないというのは誤解です。有機JAS規格では、有機肥料の他に、天然由来の無機肥料の使用が認められています。これは、有機栽培が安全ではない、ということではなく、むしろ無機肥料が安全なものであることの証です。特に日本の無機肥料は非常に優れており、使い方を間違えさえしなければ、体になんの害もないのです。

また有機栽培＝無農薬で環境にも体にも優しい、というイメージもあります。たしかに有機栽培は、「化学的に合成された肥料及び農薬を使用しないこと、ならびに遺伝子組換え技術を利用しないことを基本として、農業生産に由来する環境への負荷をできる限り低減した農業生産の方法を用いて行われる農業」と定義されています。しかし、まったくの無農薬かといえばそうではなく、実際は有機栽培であっても許可された指定農薬を使っている場合がほとんどです。仮に完全無農薬で栽培するとなると、毎日虫をとり続けることになり、商品として販売するにはコストがかかりすぎます。有機肥料のみを使用した完全無農薬の有機栽培野菜も存在するかもしれませんが、大半は、有機栽培とはいっても無機肥料や農薬を使っています。その線引きは曖

昧で、明確に法律で制限されているわけではありません。

　有機肥料だから安全、無機肥料だから危険、無農薬だから安全、農薬を使っているから即危険だというイメージには、大きな誤解が含まれています。

2　野菜が太陽光ではなく、人工光で生き生きと育つ理由

●北欧から日本へ、植物工場が上陸

　植物工場という新しい農業手段について開発の方向性が模索されていた1970年代に、大手電機メーカーなどがそれぞれ異なった方向でアプローチを始めました。

　この当時、未知数の技術と思われていた植物工場という概念に対して、上記の電機メーカーでは、それぞれ、①太陽光に近い人工光源を使用した農業の工業化、②省スペース、省エネ栽培技術の確立、というまったく異なった方向性での開発が進められてきました。

　①の方向性は、本道である農業のFA化（ファクトリーオートメーション化）です。それまで農業は、土地生産性や労働生産性が低く、儲からないという強い先入観がありましたが、機械化により人件費を減らし、人工光により照明を最適化することで生産性を向上させて、原価を下げることが狙いでした。光源には、電力を必要としない太陽光のかわりに、発光効率の良い高圧ナトリウムランプを採用して、電力代の節約を意識しながら強い光を確保できるように配慮していました。高圧ナトリウムランプは、ランプが高温になり熱波長も多く出るため、野菜から１ｍ以上離して設置する必要がありました。したがって、多段栽培ができず、温室のように一面で栽培せざるを得ないため、土地収穫性はあまり改善できませんでした。また、高圧ナトリウムランプによる照明は、照明ムラが多く、野菜の成長のばらつきを生むという課題があり、さらに、スペクトルのバランスが野菜には効率が悪いため、量産時には難しい課題となりました。

　②の方向性では、当時は日本の農家が現在のような高齢化に悩むこともなく活力もあったため、いきなり農業の採算性を考えるのではなく、人工光を

採用した農業生産技術がもつ可能性の模索と用途開発を技術開発のステージに合わせて考えるというものでした。当時、アメリカはもちろんのこと、日本でも宇宙ステーションなどの研究開発が進められおり、また、南極などでの極地での食糧供給の問題が指摘された時期でもあり、植物工場の研究はこれらの課題を克服する可能性を示唆してくれました。この研究では、熱の少ない蛍光灯を野菜に近接して照明することと反射をうまく利用することで、少ない電力で強い光を確保できるように設計しました。この結果、多段栽培を行う技術を生み出し、狭いスペースで高い生産性を確保しました。この成果は、現在、どこでも当たり前のように採用されている多段式植物工場の基本となって今日に至っています。

　1980年代は、いろいろな企業が植物工場に参入してきました。電機メーカーは言うに及ばず、電力会社、農業設備メーカー、石油会社、流通系の企業、製鉄会社などありとあらゆる企業が参入し、それぞれの方法で研究開発を行いました。いわゆる、第一次植物工場ブームだったのです。

　やがて、この第一次植物工場ブームは、現在のような、環境の悪化、農業の高齢化、食の安全の確保などといった差し迫った状況でもなかったこともあり、露地栽培野菜に対して品質・コストともに劣り、まだ技術的に未成熟であった植物工場野菜は市場では支持されず、残念ながら参入各社はいったん縮小せざるを得なくなりました。

　森久エンジニアリングの前身（森久製作所）が、植物工場事業にかかわるようになったのは、②の方向性をもつ研究開発からでした。三菱電機株式会社中央研究所（現先端技術総合研究所）の試作開発などを1980年初頭から行っていた関係もあり、第一次植物工場ブームの真っ盛りの1986年に三菱電機株式会社と技術供与契約を締結し、大学農学部や農業高校向けの植物工場設備による小型実験装置を開発しました。その頃には、流通企業などが植物工場野菜の物流の改善などで採算性の向上に努めた第二次の植物工場ブームが終焉しましたが、植物工場の可能性を探る意味も兼ねて、現在の森久エンジニアリングが、三菱電機株式会社からライセンスを購入することにより、現在の技術基盤を形成しました。

● どんな光が野菜に良いのか

　人間の目で見える光の波長は、およそ400～700nm（ナノメーター）とされています。それ以下の光やそれ以上の光、たとえば紫外線のような波長の低い光は、存在していても目で見ることはできません。人が見ることのできる光の波長を「可視光域」といいます。実は、野菜が吸収している光の波長も400～700nmということがわかっており、この可視光域とほとんど同じです。つまり、太陽光のかわりに普段使っている市販のランプを使っても野菜は光合成できるということです。

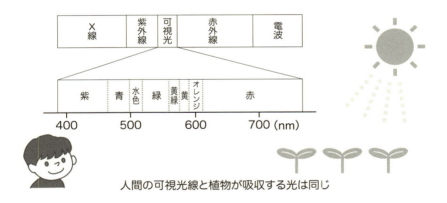

人間の可視光線と植物が吸収する光は同じ

　それでは、どの市販ランプを使えばよいのでしょうか。1980年代の植物工場では、光強度が非常に高く発光効率が良い「高圧ナトリウムランプ」が使われていたことがありました。しかしこのランプは、1メートル以上離さなければ野菜が焼けてしまうほど高い熱を発します。

　そこで私たちは蛍光灯を使うことにしました。高圧ナトリウムランプよりは光が弱いものの、発熱量が低いので、野菜にできるだけ接近させて照明することで光の強度を保持することができます。しかも高さがないぶん、栽培ベッドを上に積み上げることができるので、省スペースというメリットもあります。ただ、いずれにしても電気代だけでなく空調費もかかるため、コストがどんどん上積みされてしまうという問題がありました。

●LEDでコストは削減できるか

　LED照明を採用して照明コストを削減しようとしている工場が多くあります。LEDの採用には、おおよそ二つのパターンがあります。①野菜が最もたくさん吸収する青と赤のスペクトルに絞ってLEDで照明するタイプ、②住居などの照明で量産される白色のLEDを使用してイニシャルコストの削減を図っているタイプ、が大半のLED照明の採用パターンです。

　植物工場における照明設計は、技術的に非常に難しく、多方面からの工夫を必要とします。

　野菜を栽培するための照明の条件とは、①光質（スペクトル：波長）、②光強度、③日照時間、の三要素です。

　マスコミ各社が植物工場を記事にするとき、「LED化を行っているので照度が高いわりに発熱が少なく、ランニングコストが安くなる」という説明が多いのですが、本当にそうでしょうか？　植物工場の照明は、住環境のように人間の目で見て「明るい、暗い」という基準ではありません。野菜の成長を基準にして照明条件をみると、野菜の成長を最適化するために最も良い光質、光強度、日照時間でなくてはなりません。すなわち、効率的に光合成を行わせる照明条件が、野菜にとって最適な照明条件となります。

　人が一番明るく感じるのは緑なので、緑を1として、青色や赤色を不快感のともなわないバランスで配色したものが一般的な照明です。この配色は、人間には良くても、野菜には不快な光なのです。本来、野菜は露地で育ってきたもので、遺伝的に特定のスペクトルに偏らないアナログ光の太陽光線をしっかり浴びて成育するようにできています。

　したがって、人工光といえども、できる限り太陽光のスペクトルに近づけたほうが無難な照明になると思われます。ここで、野菜の光に対する吸収スペクトルの特性が関係してきます。

　野菜が成長するためには、青と赤だけの単純な光環境で育てるよりも、400〜700ｎｍの可視広域全般の連続した波長域で育てるほうが、良い野菜ができるのは言わずもがなの話です。ただし、人工光の場合、つねに電気代

という制約が大きく関係します。したがって、連続した波長環境をつくる場合でも、野菜の吸収スペクトルに合わせた最も効率の良い配色の光源がベターだということになります。

さらに、野菜の必要とする光の強さは、人間が快適に感じる光の強さの30～40倍程度です。これらの光を野菜に与えようとする場合、蛍光灯であれLEDであれ、相当な数の照明器具が必要となります。イニシャルコストの高いLEDは、実際の植物工場の建設時に施主の大きな費用負担となり、採用に二の足を踏むケースが多くあります。

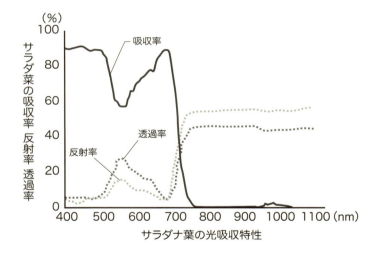

サラダナ葉の光吸収特性

それでも、LEDはランニングコストが安いので、イニシャルコストの高いぶんをランニングコストで吸収できるとして、数年後には逆転できるという説もあります。

しかしながら、LEDを野菜に適した3波長の蛍光ランプと同一条件のスペクトルで照明すると、青白い光が中心の市販のLEDのような高い発光効率が得られず、ランニングコストは決して安くなりません。

もう一つ、日照時間についても触れておく必要があります。野菜には、吸収する光強度の上限値（光飽和点）と下限値（光補償点）があります。本書は栽培技術や植物工場の原理を詳しく解説するのが主題ではないため、詳しく

触れることは避けますが、一般に、光強度を光飽和点付近まで上げると、照明時間を短縮しても重量の乗った品質の良い野菜を栽培できます。逆に、光強度を光補償点に向かって下げていくと、照明時間を延長しない限り成長がかなり鈍化し、かつ野菜の品質が急激に悪化します。これは、電気代の高い日本の環境においては、経営上のきわめて重大な要素となります。多くの電力会社の場合、現在、電力需要のピークをどう乗り切るかが課題となっています。電力需要のピーク付近では、電力料金をかなり高めに設定し、できるだけピークを外して電力を使用するように誘導しているのです。（たとえばある電力会社の場合、22時から8時までの深夜電力帯の電力単価を1とすると、10時から17時までの重負荷時間帯の電力単価は1.6倍、それ以外の昼間電力帯の電力単価は1.2倍と設定されている）。LEDの場合、イニシャルコストの負担を抑えるために使用数を削減すると照度が下がり、照度が下がると照明時間を延長する必要が生じ、照明時間を延長すると電力単価が跳ね上がり、照明時間を短縮すると野菜の品質が悪化し……という悪循環を繰り返すことが多く、多くの場合、弱光性の野菜に限定して栽培するケースが多くなっています。

　現場の植物工場の経営を考えたとき、深夜電力（22時〜8時）を活用するのは必要条件であり、できる限り重負荷時間帯（10時〜17時）の高価な電力単価の時間帯に照明するのは避けたいところです。そのためにはLEDのイニシャルコスト削減や光質の改善は必須条件であろうと思います。

　近年、LEDの技術革新の速度が増しており、この問題はやがて改善されるのでしょうが、植物工場の照明に普及させるためには、さらなるブレークスルーが必要だと思われます。

●反射板の大切な役割

　人工光で野菜を栽培する以上、高価な電気代を払って照明をする必要があります。蛍光灯であれ、LEDであれ無駄な照明は避けたいものです。

①蛍光灯の照明の反射

　蛍光灯は、断面が円形であるため、光を360度に放射します。一方で、野

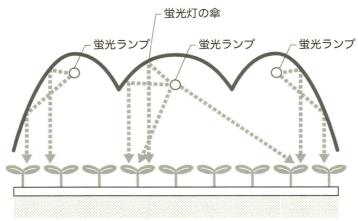

蛍光灯の光線は傘で跳ね返され、効率よく野菜を照らす

菜はランプの下方に栽培されているため、下方にのみ光を向ければよいことになります。上の図は放物面反射板を利用した照明ですが、反射板がなければ野菜とは異なる方向に逸散してしまう光を、反射板により野菜の栽培されている方向に向けることができます。

　他方、栽培面に目を転じると、野菜は日々成長するので、栽培パネル面には野菜と野菜の間に成長するためのスペースを残しておく必要があります。野菜の栽培面を上から見ると、右ページ上図のようになります。反射板で光を栽培面に向けると、野菜だけではなく、成長するためのスペースとして残しておいた野菜の無い栽培パネル面も照明することになります。したがって、このままでは栽培パネル面を照明した光は無駄になってしまいます。そこで、野菜以外の栽培パネル面を照明した光をさらに反射させて、再び天井の反射板から野菜に向けて再々反射させます。このように、できるだけ無駄のない照明を行うことで、高価な電力料金を節約しています。

② LED照明の反射

　LEDで照明を行う場合は、蛍光灯のように360度に光を放射せず、下方のみを照明することが可能ですが、やはり右ページ下図のように栽培パネル面からの反射光を再利用しなければ、大きな損失になります。

第1章　植物工場の人工光で育つ野菜の本当の役割

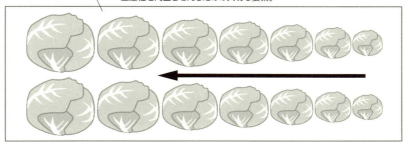

野菜のない部分の照明面積はバカにならない

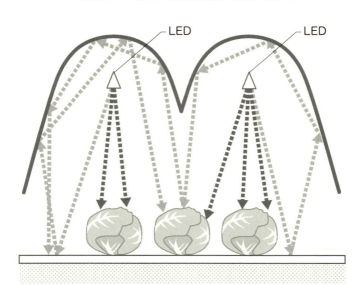

LEDは蛍光灯と異なり、下方のみに光を照射することができるが、直接野菜に当たらなかった光も反射させて再利用することで照明効率は飛躍的に向上する。

LED光源の反射

　したがって、蛍光灯と同様の反射板によって、無駄を削減する必要があります。また、野菜の上方すべてにLEDのパネルを設置して、光強度を上げると栽培パネル面からの反射を利用できず、照明コストが上昇することになります。

3　安定品質・無農薬の植物工場野菜が外食産業へ

●外食産業が求める安定の野菜

　農業は難しい、とよくいわれます。どうして難しいのかというと、人間では予測できない自然の力が加わるからです。太陽光は季節によって弱くなったり強くなったりし、日照の角度も変わります。一日のなかでも、日の出から日の入りまでの間に波長が変化するので、どの光が野菜にもっとも効果的に作用しているのかがわかりません。

　栽培環境を予測することができないため、収穫の量や品質を予測することも困難です。実際に、露地野菜の栽培品質は天候や気候によって大きく左右されます。それにともなって、価格にも影響を及ぼしていることは買い物をする方なら誰もがご存知でしょう。

　収穫が減って一番困るのは誰かというと、それは外食産業です。スーパーであれば、品切れにすればいいだけですが、外食産業はそうはいきません。料理を提供する限り、毎日一定量の野菜が必要です。昨日は収穫できたけど今日はできなかった、では困るのです。走り回ってでもかき集める必要があるので、少々質が悪く価格が高くても、赤字でも購入することになります。ですから外食産業は、気候変動に対してとても敏感です。

　植物工場は、屋内でランプやエアコンを使って野菜を育てるため、自然環境に左右されず、安定した品質と収量で生活者に野菜を届けることができます。そのため、外食産業では気候変動による影響を受けない植物工場野菜を使うケースが増えています。最初に、植物工場野菜が普及する大きな原動力となったのも、外食産業でした。

●17年前の植物工場ができたころのお話し

　森久エンジニアリングが量産型植物工場の事業を始めて、およそ17年の歳月が流れました。筆者は、前身の森久製作所時代に手掛けていた植物栽培実験装置の期間も含めると30年を超える長い年月を植物工場事業に捧げてきましたが、その間に大変貴重な数々の経験を積み重ねてきました。

17年前に初めて量産工場を建設したときは、国内初の蛍光灯による完全人工光型多段式栽培工場として前例のないチャレンジになりました。これは、プラントを作る私たちもさることながら、なによりもプラントのオーナーが最も大きなリスクを負った時代でした。

　それから数年間は、すべてが試行錯誤と模索の連続でした。大型プラントを建設する際の技術リスクもありますが、それにも増して、野菜の市場も今のように、植物工場野菜として買い取ってくれる場のない時代であったため、「どのような野菜をつくればよいか？　販売チャネルはどこが望ましいか？」すらわからず、手探りの状態が続きました。

　この時代の我々は、植物工場は、「①どの野菜を、②誰に、③いくらで、④どのくらいの数を販売するか」という、ごくごく当たり前のマーケティングの基本すらわきまえず、プラントを作ることだけで精一杯の時代でもありました。野菜の流通の仕組みもよく知らずに、ただやみくもに動いていた時代であったと思います。そんななかで、少しずつではありますが、植物工場野菜は、やり方によっては市場に普及するのではないかと思える薄灯りのようなものが見え始めました。

● **少しだけ知ってほしい野菜の値段のこと**

　読者のみなさんは、スーパーなどで野菜を購入するときに、やはり値段が一番気になるのではないでしょうか？　もちろん、品質や安全性が確保されているということが前提ですが、購入する側にとっては、それが毎日の買い物であればあるほど値段は気になるものです。

　「今は旬だから、安く買える」「季節外れだから、この時期は品質も良くなくて、価格も高い」などと毎日の食卓を預かる主婦のみなさんは、いつも頭の中でこのようなことを考えられていることだろうと思います。

　でも、ちょっと待ってください。季節外れの時期だから、野菜の品数が少なく価格が高くなるのはわかりますが、品質は旬に比べて明らかに悪いのに価格は高いのです。なぜこんなことが起きるのでしょうか？　農家は季節を選んで野菜を栽培します。そして、良く育つ旬の時期に一生懸命栽培して、

たくさん野菜を市場に出荷します。すると値段が崩れて安売りしかできない状態になってしまいます。農家も商売ですから、たくさん野菜をつくって売り上げを上げたいのです。しかし、つくればつくるほど値段は安くなり、儲けが薄くなってしまいます。普通の工業製品であれば、ここで差別化を図り、おいしくて栄養価満点の野菜をつくって、付加価値をつけて少し高めに売ってみるなどの工夫ができるのですが、農家は直接消費者に野菜を売っているわけではないので、このような工夫を生かすすべもありません。消費者の声も、流通には届いても農家には直接は届きません。

　では、農家が旬を外して野菜をつくり続ければ大儲けができるのかというと、決してそうでもありません。旬の時期以外に露地で野菜を栽培すると効率が悪く、なによりリスクも高まります。たとえば、寒い季節であれば、温室を活用してなんとか野菜をつくることもできますが、日照時間が短くなるため、高い電気代を払って補光をしたり、夜間はストーブをたいたりして、環境の不足分を補いながら栽培しなければ野菜はできません。しかも、そのわりには農家が流通にそれほど高く野菜を買い取ってもらえるわけでもありません。

　実は、野菜の値段は農家が決めているのではなく、相場で決められるため、品質の良し悪しよりも、希少性や輸入物とのバランス、他の旬の野菜の売れ行きとのバランスなどから総合的に判断して決められるのです。

　普通の工業製品は、品質が悪いのに希少性があるというだけの理由で価格が高いことはまずありえませんが、野菜においてしばしばこのような現象が見られるのは、こうした仕組みによるところが大きいのです。露地栽培で野菜をつくる農家の多くは、こうした流通側からの価格決定の結果を受けて、長年栽培に従事してきました。

● **露地野菜を安く売りさばくスーパーとコラボするか？**

　植物工場での農業は季節や天候に左右されません。そのかわり、電気代、人件費、設備の償却費用、種子代、肥料代など、継続的に費用が発生してきます。植物工場による野菜生産の一番の特徴は、やはり、安定生産、無農薬

栽培にあります。安定生産に必要な対価が、先に述べたなかの、電気代、人件費、設備の償却費などなのです。植物工場野菜をスーパーなどの小売り業に売りに行くと、相場で決められる露地野菜の値段との競争という問題に直面します。相場で決められる露地野菜と、原価を積み上げて価格が決められる植物工場野菜を比べて、高い、安いという価格競争は、少し次元の違う話にも思えますが、スーパーなどの小売店に野菜を卸す場合は、必ずつきまとう課題の一つです。量産型植物工場で最初に野菜を販売し始めたときに、JAやスーパーに活路を求めましたが、当時は前例がなかったこともあり、受け入れ価格の基準は露地栽培野菜の価格との比較でした。旬の露地野菜と価格競争をすると、植物工場野菜の価格は高いという評価をされます。逆に、露地野菜が品薄で価格が高騰する時期には、植物工場野菜の価格と安定供給性は重宝なものとなります。こうしたスーパーの事情に合わせて野菜を販売するタイミングを見計らってみるのも一つの方法ですが、毎日野菜が生産されて、毎日コストが発生する工場では、売れたり売れなかったりの不安定な販売状態では、到底経営が成り立ちません。そこで、植物工場野菜の販売には次のような工夫を凝らすことが必要になります。

①廃棄ロスの少ない小さなサイズ、食べきりサイズ（食べ残しが無いような小ぶり）の野菜を販売し、単価を下げる。
②露地栽培野菜にない品種の野菜を販売する。
③地域に合わせた野菜の栽培品種を開発し、より地域密着した野菜の販売を行う。
④健康野菜を開発し、毎日食べることで健康を保つ野菜の販売を行う。

　露地栽培の農業の特徴は、季節と土地を選んで最適な種を撒くことで良質の野菜を栽培することにあります。各地域の名産が生まれるのは、こうした理由からです。
　植物工場の特徴は、栽培しようとする野菜の生理特性をあらかじめ分析し、最適な栽培環境を人工的に作り出して栽培するため、いわば「常旬」の

状態を保つことができます。いつでも、一定品質、一定量の野菜を供給できるので安心が売りです。

　さらにもう一つ、みなさんがあまり知らない特徴があります。野菜は、環境条件を変えるとある程度順応して育ちます。その特徴を生かして、大きさ、味、食感、色、栄養価などを変えることができるのです。露地栽培では環境を選ぶことができなかったため、消費者が生産者に野菜の品質や味などのリクエストはできなかったのですが、植物工場野菜はそのニーズにある程度こたえることができるのです。

　消費者がこのことに注目して、野菜を買うときに小売業の関係者に、たとえば「こんな大きさの野菜がほしい、もっと食感のある野菜がほしい、もっとみずみずしい野菜がほしい」などとリクエストすると、それが植物工場野菜の栽培開発につながり、将来もっと豊かな食の世界が広がっていくと思います。IOTの普及で、消費者と生産者はより緊密に接することができるようになっています。消費者と生産者との間で、あたかも行きつけの料理屋で注文したメニューに自分だけの特別な味付けを頼むようなやりとりができる時代がすぐそこに来ていると筆者はみています。

● 業務用野菜の需要に応える

　大手のレストランチェーンなどの業務用の野菜の需要は、スーパーなどの小売りとは異なり、毎日一定量のサラダなどメニューが組まれているため、供給の安定性は必須条件です。植物工場の安定生産性と方向性がまったく一致します。さらに、業務用途では、露地野菜を仕入れた場合、農薬や虫、小石などの異物除去のために殺菌、洗浄、脱水を繰り返し行い、安全性を保っています。これらの工程はかなりのコスト負担となり、せっかく露地野菜を安価に仕入れても、後工程の費用が嵩み植物工場野菜の価格とほぼ変わらない状態となってしまいます。露地野菜の特徴は、それぞれの地域によって個性豊かな良質の野菜が供給されることですが、他方、大きな課題は、不安定な供給と農薬や異物除去に後工程のコストが発生することにあります。

2000年以降の量産型植物工場野菜が普及した要因の一つは、安定供給がなければ事業運営に支障をきたす業務用途という市場を発見したことにありました。植物工場の安定供給性と無農薬栽培という利点をフルに生かしたビジネスモデルだったのです。

●野菜の市場を露地と植物工場で補い合う

こうして、安定供給できる植物工場野菜が外食産業に採用され始め、植物工場野菜という小さな市場が生まれました。

この市場がやがて何倍にもなれば、農家を廃業に追い込んでいくのではないか、と危惧する方もいます。農業は、食という命の根源を預かる一次産業です。それを守り育てることもまた、大切です。そんなところに工業をやっている会社が突然に参入してくれば、脅威を感じるかもしれません。しかし、露地野菜の市場は非常に大きいので、植物工場が今の何倍も普及したとしてもごくごくわずかなシェアでしかなく、農家が圧迫されることはありません。農業にとってなんの脅威でもないのです。

これからの日本は高齢化が進んでいきます。食のあり方も年齢や世代ごとに変えていく必要があります。いままで体に良かったはずの食材が、ある年齢から、消化がしにくくなったり、障害になったりすることもでてきます。食の多様化は、こんな背景からも、とても大きな意味をもちます。戦前の我が国では、野菜はお湯を通したり焼いたりして食べるのが主流でした。戦後、高度成長時代に入り、野菜をサラダなど生で食べる習慣がどんどん広まっていきました。野菜を生で食べるのと湯を通して食べるのとでは生産方法も変わってきます。生で野菜を食べる際には、やはり農薬が気になります。農薬のない環境でできた野菜を食べるのが安心に違いありません。一方で、湯を通して食べる野菜の場合は、葉肉の厚い、ボリュームのある、味の濃い野菜のほうが好まれるため、露地栽培の野菜が適していると思います。このように、これからの農業は、食の多様化にともない、棲み分けが必要となるでしょう。

たとえば、生食のレタスサラダを食べる場合でも、子供はあっさりした味でパリッとした食感を好む場合が多く、お年寄りは柔らかい食感で味わいがあるものを好む傾向もあります。ことほど左様に、食には個人の嗜好性が強く、また、同時に世代間の消費特性も大きく異なります。今後、この傾向はどんどん拡大していくものと思われます。

　我が国の食生活が大きく変わろうとするなかで、生産者のあり方も大きく変わっていく意識を強くもつ必要があるのではないでしょうか。

4　野菜の栽培でエネルギーを有効活用する

●余った電力で植物工場が動く

　電気は24時間作られ続けています。たとえば、原子力発電所などは、一回停止すると再稼働までに時間もコストもかかってしまうため、止まることがありません。こうして作られ続けている電力は、日中は企業や家庭によって大量に消費されますが、深夜になると使用量が一気に減るため余ってしまいます。ではこの余剰電力をどうするかというと、放電しています。日中は電力不足と言われているのに、深夜には電力を捨てているのです。この捨てる分の電力を日中に活用すれば、電力は不足することなく十分に足りるはずです。ただ実状は、それほどの大電力を蓄電させる技術がないために、捨てているというのが現状です。電気自動車の進歩の度合いをみても、簡単に解決できる問題ではないことは明らかです。

　そこで植物工場では、この深夜の余剰電力を使って稼働させています。余剰電力の有効活用にもなり、環境にもとてもいいオペレーションです（作業者の勤務は、野菜の照明が消灯している時間に必要最小限の作業照明を点灯して行っています）。

　揚水発電という方法で、節電する方法もありますが、これは、深夜電力を使って高い山の上に水を運んでためておき、これを昼間、電力が不足する重負荷時間帯に一気に下に落とし、その力で発電させるという方法です。一定の節電効果はありますが、電力を発生させるために電力を使って水を山の上

第1章　植物工場の人工光で育つ野菜の本当の役割

に運ぶわけですから、大きなロスになります。それなら、そのまま深夜電力を使ったほうが効率は良いと考えられます。

　植物工場は、いわば蓄電池の役割をしていることになります。

●水を無駄遣いしない循環式

　植物工場では、その規模によりますが、約200〜600tの水を栽培ベッドに供給しています。こう聞くと、毎日毎日大量の水を消費するようなイメージがありますが、水を無駄に消費することはありません。地下にタンクを埋め込んで循環させているためです。水は3〜6ヶ月に一度総量の半分を入れ替えるか、毎日少量ずつを入れ替えるだけで、それ以外はタンクに設置したフィルターを通して殺菌され、清潔でフレッシュな状態で循環しています。

　コストに換算しても、水道代は野菜の生産コストのうちわずか1％前後。植物工場が水を有効利用できていることがよくわかります。

5　ニーズに応える野菜をつくり、IOTで食卓に届ける

●露地野菜と植物工場野菜の違い

　露地野菜の場合、台風などの天候不良があれば、その後に野菜の価格が高騰したり味が落ちたりしても、自然のことだからある程度は仕方のないことと諦めるしかありません。農家の人が懸命に知恵を絞るのは、厳しくて気まぐれな自然に野菜をどう適応させるかということに対してであり、私たち消費者ではないことが多いのです。人間の力ではどうしようもない自然を相手に、その土地と季節に合った農作物の種を撒き、経験と勘を駆使して厳しい環境下でなんとか野菜を育てていく、これが露地野菜の栽培技術です。そうして生産者が想いを込めて作り上げた野菜を、私たちは購入しています。

　しかし、ランプやエアコンを完備した植物工場では、光の強度や温度などの生育環境を自由に変えることができます。そして、実は野菜は、環境が変われば柔軟に反応し、その味や形を変えます。これは、その土地の特色ある気候や風土を生かした野菜づくりを行う露地農業と同じことです。光や温度

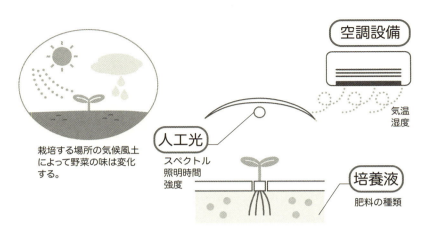

植物工場では、作りたい味にするための環境を整えることができる

や肥料などを調整することで、たとえば甘味を強くしたり、サイズを小さくしたり、大きくしたりすることができます。もちろん甘味を強くするといっても、糖分を添加するわけではありません。甘味の素はでんぷんやショ糖などの成分です。光合成の効率を上げていくことででんぷんやショ糖が多く生成されるので、光や温度を良好に保てば甘味の強い野菜になります。サイズも、品種改良などを行うわけではなく、日照時間や温度を調整することで調整できます。さらに、野菜の水分量を多くしてみずみずしさを増したり、逆に水分量を減らしてしっかりした野菜に仕上げて日持ちを長くすることもできます。

　露地栽培では環境に合わせて野菜をつくります。植物工場では反対に、つくりたい野菜ごとに環境を変える、もっといえば、消費者が求める味や大きさから逆算して環境を整え、好まれる野菜をつくることができるようになるのです。

●生産者と透明度の高いマーケットを作る

　これまでは直売所でない限り、購入した野菜に対する消費者の声が農家の人に直接届く機会というのはめったにありませんでした。感想や苦情は、商

品を買った店舗に伝えることはあっても、その声が生産者にまで届いているのかはわかりません。しかし、植物工場の場合は、消費者の要望や希望を聞いて野菜の育て方を決めていくことができます。「この野菜はもっと甘くしてほしい」といった要望にも応えられるのです。

　最近では、スーパーにも植物工場の野菜が出回り始めています。植物工場では、どのような商品が売れるかバイヤーが細かなデータをとり、その地域性を重視して生産者とともに野菜を作り込むことができます。マーケティングが野菜生産の要となるので、これまでよりずっと消費者の声が生産者に届きやすく、また生産される野菜に反映されやすくなります。

　いま、植物工場が少しずつ普及を始めていますが、その実態は一般の方々にはまだまだ認識されていません。いまだ、太陽光を浴びていない不健康な野菜というイメージも拭いきれていません。その理由の一つに、植物工場の技術がこれまでずっとクローズドにされてきたということがあげられます。

　植物工場には億単位の投資が必要です。工場ができれば、その技術はできるだけクローズドにして、栽培ノウハウを独占したい、と考えるのは当然のことでしょう。ですが、そんなクローズドな工場から生まれた野菜を、安心・安全と売り出すことはできるのでしょうか。

　これから植物工場野菜はインターネットで注文して宅配される時代になると予想されます。そのとき、顔の見えない生産者がどんな作り方をしているかもわからない施設でつくった野菜では、不安が大きくてなかなか買う人はいないでしょう。買ったところで、不安があればおいしく食べることができません。特に生野菜はそのまま口に入るものですから、消費者が敏感になるのは当たり前です。

　インターネット販売をするなら、その野菜がどこでどのようにつくられたかをクリアにすることが絶対条件です。使った肥料の種類、光の波長、強度、照明時間、さらに収穫後は何℃の環境でどのくらいの時間保管されていたのか、消費者の手に渡るまでの工程がガラス張りになることが必要です。植物工場では、そのすべてを機械で管理しているので、栄養価や生菌数までを数字として出すこともできます。

一方、生産工程で肥料や温度を徹底して管理していても、出荷後の扱いがよくなければ意味をなしません。たとえば工場では4℃で保管されていたとしても、出荷後常温で輸送して店頭に並べては意味がありません。出荷され輸送されている間も4℃、スーパーなどの店頭で並ぶ際も4℃に保たれてはじめて、その安全性が担保できます。これをコールドチェーンといいます。
　これから必要になるのは、生産段階だけでなく、物流や量販店ともリンクして管理できる体制を整え、それをクリアにしていくこと。IOTは、それをつなぐ大事なネットワークです。
　植物工場野菜は、誤解されることの多い野菜です。土と太陽で育った野菜が一番おいしいとか、有機栽培野菜は体にいいというイメージと同様に、工場で育った野菜なんてろくなものじゃない、というイメージがあります。ですが、一つ一つをひもといてわかりやすくクリアにすれば、植物工場野菜がきわめて安心・安全であることがより多くの人にわかってもらえるでしょう。

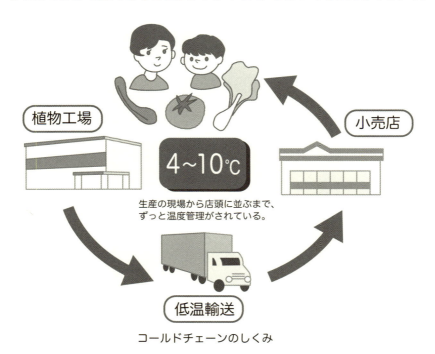

コールドチェーンのしくみ

第2章
生活者が望むマーケットインな野菜を食卓に!

1　植物工場との出会い

●宇宙センターに迷い込んだような

　今から4年前、あるインターネットサイトで「屋上農園」の情報を発見したことろから、私の植物工場とのご縁が始まりました。

　2010年に野菜ソムリエの資格を取得し野菜の魅力にとりつかれた私は、自分でも「野菜を栽培する苦労や喜び」を体験したいと考え、「貸し農園」を探していました。当時、ビルの屋上などのちょっとしたスペースを活用した都市型農園がブームになっており、そこでヒットしたのが、大阪市北区にある「ジャスナ農園」です。さっそく見学に行ってお話を聞いてみると、ジャスナ農園は屋上菜園だけでなく、「植物工場」にも力を入れているとのこと。そこで初めて、植物工場の畑を目にしました。

　室内に入った瞬間、驚きました。たとえるなら「異空間で、宇宙センターに迷い込んだような」感覚です。栽培ベッドがずらりと並び、均一に並んだ野菜に蛍光灯の光があたっている。その光景が部屋中に広がっているのです。本来、畑というと、太陽や大地といった自然環境のもとにあるものなのに、そこは真逆の空間でした。まるで異空間のようでしたが、同時に今までにない「斬新さ」を感じました。そこで新しいことにチャレンジしてみたい

私は、植物工場で野菜を育てることにしました。
　そしてこのとき、斬新さだけではなく、ある一つの可能性を感じました。それは、「野菜を安定して供給できるのでは？」ということです。以前お知り合いの農家の方とお話をしてから、ずっと気になっていたことがありました。
　それは、「どんなに心を込めて土づくりをして、肥料を撒いて水やりをしても、台風一つでその畑の野菜が収穫できなくなることがある。自然の前では、人間は無力なんだと感じる」という言葉。「雨が降らず日照りが続いても、野菜の品質が低下したり収穫量が激減することがとても残念だ」と話していました。
　これは、農家の方々にとって生活にかかわる深刻な問題です。それと同時に、その野菜を待ち望んでいる生活者にとっては、野菜の価格が高騰することや、野菜の品質が低下することになります。
　ふとこのことを思い出し、植物工場なら安定して生活者に野菜を届けるシステムが作れるのではないかと感じました。しかし、露地栽培の野菜から植物工場の野菜に変えるということではなく、露地と植物工場の野菜が共存するということです。これは、今後の農業のキーポイントになるでしょう。
　「植物工場の野菜を身近に、疑問をクリアに」。とはいっても、「水だけで野菜を育てられるの？」や「そこで育てた野菜って、栄養価はあるの？」「弱々しくてすぐに枯れてしまうのでは？」「水の中に特殊な薬品でも入れているんじゃないの？」などなど、疑問がたくさん浮かぶと思います、私自身、初めて目にした植物工場に対して半信半疑でした。しかし、自分自身が植物工場を体験していくうちに、それらの疑問がどんどん解けていきました。
　この章では植物工場の魅力や私自身の体験をお伝えすることで、みなさんが植物工場で育てた野菜を手に取ってみたいと感じるきっかけになればと思います。

2 野菜を取りまく現状

●野菜の目標摂取量

　現代の日本人がどのくらい野菜を食べているかご存知ですか？　厚生労働省では、日本国民が健康で楽しい生活を人生の最後まで送ることを目標とした「21世紀における国民の健康づくり運動　健康日本21」という取り組みを行っています。そのなかで、健康を維持するための指標として、毎日350gの野菜を食べましょう、と呼びかけています。とはいっても、350gの野菜がどのくらいなのか、ピンとこない方も多いのではないでしょうか。野菜を1個1個計量するのも大変です。そこで、350gを摂取できているのかどうか、簡単に計算できる方法をご紹介します。

　それは、1日に食べた野菜料理の数を数える方法です。かぼちゃの煮物やサラダ、野菜のかき揚げ、八宝菜、野菜入りカレーなど。1日に食べた野菜料理が、5皿になれば350g食べられていると考えます。これは1皿で野菜約70gとして、1日5皿分（350g）以上の野菜を食べましょう、という考え方で、アメリカで「5 A DAY運動[*1]」としてスタートしました。

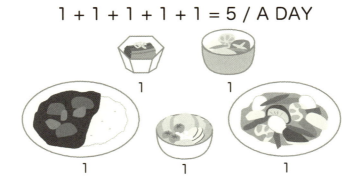

1皿で70g、1日で350g以上の野菜を食べよう！

[*1]　アメリカで「5 A DAY」としてスタートした健康増進運動。
　　一般社団法人ファイブアデイ協会〈http://5aday.net/movement/index.html〉を参照。

以前野菜講座で、受講生に前日食べた野菜料理の数を計算してもらったことがあります。教室に参加するくらいですから、みなさんの野菜に対する意識は高いと思っていましたが、5皿食べられている方はごくわずか。20人中1人いるかどうかという残念な結果でした。お母さんとお子さんが一緒に参加されている場合は、お二人とも答えは一緒です。お母さんが2皿しか食べられていないなら、お子さんも同じ。これは、お母さんが家族の食事を作り、健康の鍵を握っていると感じる場面でもありました。
　平成26年のデータでは、日本人1日あたりの野菜摂取量の平均は292.3g[*2]。目標の350gからおよそ60g、つまり毎日野菜料理1皿分弱足りていないという計算になります。つまり、毎日1皿多く野菜料理を食べようと意識を変えるだけで、一歩健康に近づくことができるのです。
　1皿品数を増やすと考えると大変に思えますが、少し見方を変えてみましょう。野菜60〜70gというと、概算でトマト半分、レタス2枚、玉ねぎ4分の1個です。いかがでしょうか。これを聞くと1皿分増やすことは意外と簡単だと思いませんか？
　手が届きそうだけど届いていない、これが現状です。ここ数年はヘルシーな食材がブームになり野菜への注目が高まっているようですが、野菜の平均摂取量は、私が野菜ソムリエを取得した10年ほど前から大きく変わっていません。とはいうものの、私たち野菜ソムリエは、この、ちょっと手を伸ばせばできる野菜摂取量を増やせるよう、日々活動しています。

● 子どもは野菜好き？　嫌い？

　野菜が嫌いや、野菜に苦手意識をもっている子どもに、約60％といわれています。嫌いな野菜ワースト3は、ピーマン・ゴーヤ・トマト[*3]。どれも苦味や独特の酸味や青臭さがある野菜ですね。なぜこうした野菜に苦手意識をもってしまうのかというと、子どもの味覚が未発達なためです。味覚は、

[*2] 『平成26年国民健康・栄養調査報告』
〈http://www.mhlw.go.jp/stf/houdou/0000106405.html〉
[*3] タキイ種苗「野菜に関する調査」〈http://www.takii.co.jp/info/news_150828.html〉

第2章　生活者が望むマーケットインな野菜を食卓に！

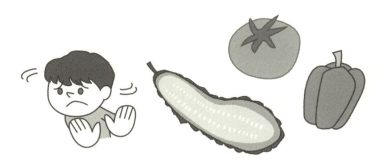

苦味・酸味・青臭さのある野菜を嫌う子ども

甘味・うま味・塩味・酸味・苦味で構成されています。甘味やうま味は炭水化物やタンパク質に含まれており、子どもも甘いものは本能的に安全と感じてすんなり受け入れることができます。逆に抵抗を感じるのは酸味や苦味です。酸のにおいは腐ったものを、苦味は毒をイメージしやすいため、本能的に拒否反応を示してしまうのです。緑の野菜には苦味があるものが多く、トマトには独特の酸味があります。先にあげたワースト3の野菜は、本能的に子どもが苦手と感じやすいものばかりです。

●10〜20代のダイエットが気になる女性と、食に無頓着な男性の食生活

　野菜の摂取量が目標に達していないとはいうものの、ここ最近は健康志向な人が増え、ビタミン・ミネラル豊富な野菜が見直されています。彩り豊かな野菜をたっぷり食べることができるランチメニューが注目を集めたり、野菜や果物を簡単に摂れるスムージーが、食生活にこだわりをもつ女性を中心にブームとなっています。

　10〜20代の女性はダイエットを気にしがちで、「野菜だけ食べていれば大丈夫」という偏った考え方になったり、食事をスムージーに置き換えるなど、独特のこだわりをもってダイエットをする人がいます。でも、これは要注意。ヘルシーと言われる食材であっても、同じ食材ばかり偏って食べることで栄養が足りているとは言えません。極端な例を挙げると、スナック菓子

だけを食べておなかいっぱいになっても、それで健康でいられるかというとそうではありません。同様に、野菜がヘルシーだからといって、毎食野菜だけを食べていてもエネルギーとなる栄養が足りているとはいえないのです。

　食べるものが少なかった戦後から生活が豊かになるにつれ、カロリーの摂取量は増えてきましたが、今また下がってきており[*4]、現代人の1日のカロリー摂取量は戦後並みといわれています。食はあふれているのに、エネルギーになるものを食べられていない、つまり中身が空っぽのものを食べているんですね。

　また、やせの割合も増えています。体重と身長の関係から肥満度を示すBMI（体格指数）をみると、20代女性の17.4％はBMI数値が18.5kg/m²未満の"やせ"です[*5]。その要因の一つは、ダイエットのためにカロリーが低いものばかりを食べていることが挙げられます。栄養の知識がないままに「サプリだけ飲んでいれば大丈夫」などと思ってしまい、バランスよく食べる意識が欠落しています。サプリにはカロリーはなく体のエネルギーを作り出せないのです。

　たとえば自動車のガソリンをカロリーとして考えてください。自動車は、ガソリンがないのにエンジンはかかりません。人間の身体も同様です。野菜でビタミンやミネラルを摂取しているだけでは筋肉は作られません。体重が減ったとしても、筋肉や血液が作られないので、お肌がたるんだり、健康的にやせるのではなくひょろっとしていたり、やせたことにより顔色が悪くなったりします。これらは、女性にありがちなダイエットに関する間違った認識が原因の一つといえるでしょう。

　一方で10〜20代の男性はというと、一人暮らしを始める方が多く、食事をコンビニのお弁当ですませるなど手を抜きがちです。どんなお料理が好きですか、と聞くと、ハンバーグやカレー・唐揚げなど、茶色いものばかり。茶色い食卓、彩りがない食卓ということは、野菜が欠落しているということ

[*4] 『昭和22年国民栄養の現状』（厚生省）では1856kcal、『平成26年国民健康・栄養調査報告』（厚生労働省）では1863kcal。
[*5] BMI値『平成26年国民健康・栄養調査報告』より。

です。しっかりと働くためにエネルギーは欠かせませんが、それを消化するために、野菜に多く含まれる食物繊維やビタミン、ミネラルも大切。それらが足りないと、健康が保てません。

　私たちの今の身体は、この10年間食べたものでできているといわれています。つまり偏った食生活を続けていると、10年後はどうなってしまうのでしょうか。生活習慣病の低年齢化が最近問題となっていますが、これは10年間の食生活の蓄積とも考えられます。若いから大丈夫、と思わず、男女ともに10代・20代のうちから食材をバランスよく食べることが大切です。

● **高齢者の食生活**

　超高齢化社会を迎え、健康保険の負担額が増えるなどの影響が出ています。ここで大切なのは、どう高齢化を迎えるかということ。高齢者一人ひとりが豊かな生活を送るためには、平均寿命を伸ばすのではなく、健康寿命を伸ばすことが重要です。健康寿命とは、日常的に介護なしで自立した生活を送ることができる期間のことです。

　現在、平均寿命と健康寿命の差は平均10年といわれています。また10年以上介護生活を続ける高齢者は全体の10%以上というデータもあります[*6]。健康寿命を伸ばすには、やはり食生活を見直して、野菜をしっかり食べることです。野菜の摂取量を年代別に比較してみると、60代が約320gで最も多いですが、それでも目標値350gには達していません[*7]。また、厚生労働省の「21世紀における国民の健康づくり運動 健康日本21」では、果物は1日200g食べましょうと推奨されていますが、他世代より摂取量が多い60代以上でも約145gしか摂取できておらず65歳以上の17.8%は低栄養傾向にあります[*7]。

　また別のデータでは、65歳以上の高齢者のうち、主食（穀物類）の摂取量が不足している人は58.8%、肉料理や魚料理などの主菜の摂取量が不足して

──────────

[*6]　介護の期間『平成27年度生命保険に関する全国実態調査』（公益財団法人生命保険文化センター）
[*7]　野菜果物平均摂取量『平成26年国民健康・栄養調査報告』（厚生労働省）

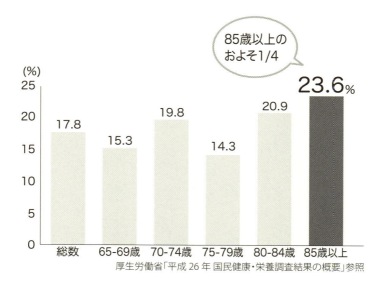

低栄養傾向（BMI20以下）の高齢者の割合（65歳以上、男女計）

いる人は74.8％にものぼり、副菜でも46.6％の高齢者が十分な量を摂取できていません。

　具体例をあげると、消化しやすい食事・食べやすい食事にこだわりすぎるあまり、炭水化物に偏りがちです。また、作るのに手間がかかる主菜も不足して、栄養が足りなくなっています。

3　世代に合わせた野菜の食べ方で一家団らん

●子どもの野菜嫌いを克服するには

　野菜嫌いのお子さんに頭を悩ませるお母さんは多いと思います。子どもは前に説明した通り、ピーマンやゴーヤのような苦味のある野菜やトマトのような酸味のある野菜が苦手で、その理由は子どもの味覚が未発達なためです。
　子どもの野菜嫌いを克服するためには、いくつかのポイントがあります。まず一つ目、お母さん自身が野菜の食べ方や選び方を知ることです。スー

パーで購入した野菜をその日に食べるのと、冷蔵庫に一週間置いたあとで食べるのではおいしさが違います。時間が経過するにつれて、苦味やえぐみは増していくので、新鮮で質の良い野菜を選び、できるだけ早く食べましょう。また野菜を選ぶ際は、どのように野菜が作られているかを意識することも大切です。土づくりやその土地の風土を生かすなど、こだわりの農法でつくられた野菜には味に深みがあります。お母さんが食べておいしいと思えるものをお子さんに食べさせてあげましょう。

　最近では品種改良も進んでいます。苦味がほとんどないピーマン「こどもピーマン」が開発され、野菜嫌いのお子さんがピーマンを食べるきっかけになったという声も聞きます。こうした新しい情報にアンテナを張ることも大切です。

　二つ目のポイントは、野菜の調理方法を工夫することです。子どもに気づかれないように細かく刻むのも一つの手段です。また、人参をすりおろしてクッキーに入れたり、小松菜をゆがいてミキサーにかけてケーキの生地に混ぜたりと、お菓子の材料にしてもいいでしょう。また、お子さんと一緒に料理をすると、作る楽しみと食べる楽しみを分かち合うことができます。

　三つ目に、野菜が身体にどう良いのかわかりやすく説明してあげることです。ただ「食べなさい」と言うだけではお子さんは納得できません。「風邪をひかないように体を守ってくれるから頑張って食べようね」とか「食物繊維が体のいらないものをお掃除してくれるよ」など。食べるとどうなるか、お子さんにわかりやすく説明してあげることが大切です。

　そして四つ目、なにより、野菜が育つ環境を体験することです。小さな種から芽が出て、すくすくと育っていく様子を見れば、お子さんも愛着が湧くはず。自分で育てたものを食べてみようという気持ちになり、食べる楽しみがふくらむでしょう。私が初めて植物工場と出会ったとき、まるで宇宙空間のようでワクワクしました。それと同じように、子どもも宇宙を思わせるその空間に興味津々！　苦手な野菜にもついつい手を伸ばしてしまうのです。また、野菜が作られる過程を見ること体験することで、食べ物を粗末にしないという食育にもつながります。

　最後に、野菜嫌いを克服したら、しっかりとほめてあげましょう。その達成感から、次はこの野菜を食べてみようという挑戦につなげていくことが、野菜嫌い克服のポイントです。

●**高齢者を囲む食卓**

　以前、いくつかの兵庫県の農家を訪問したことがあります。なかには、このままいくと限界集落になってしまうほど過疎化が進み、高齢者ばかりが住んでいる集落もありましたが、そこに住むお母さんたちはとても元気でした。その元気の源はなんだろう、と考えてみると、自分たちで育てた農作物を持ち寄り一緒に料理をしてみんなで食べるという、笑顔あふれる食卓が広がっていました。これは、高齢者の食を考えるうえでとても大切なポイントです。

　高齢者には、味や風味・食感の優れた野菜を提供するだけでは不十分です。なぜなら、高齢になると味覚が衰え、おいしいと感じる力が低下するからです。そもそも食事は、おいしいと思うからこそ「また食べたい」という

食欲が湧くもの。つまり、味を感じにくくなることは食欲の減退につながっています。

ただ、おいしさを形成するのは味覚だけではありません。見た目・食感・香りなどの五感で感じるもののほか、食卓を囲む環境でも「おいしさ」を感じることができます。みんなが笑顔で食卓を囲めば、その楽しい雰囲気がおいしさを倍増させるでしょう。

先ほどの集落のお母さんたちと話しをしたとき、みなさん自分たちが作った野菜のおいしい調理法を教えてほしいと興味津々でした。このように、食を楽しむ気持ちを持ち続けることも大切です。そのためには、高齢者とコミュニケーションをとる場が必要でしょう。これは単なる食の問題だけでなく、高齢者とどう生活していくかという社会問題にも関連しています。

●**未来をつなぐ世代への働きかけ**

先に、ダイエットばかりを気にする10〜20代の女性の食生活についてお伝えしましたが、それは本人の問題だけにとどまらず、将来の妊活にも影響します。

食への間違った認識のままでは、栄養がアンバランスで、妊娠時に必要といわれているビタミンＡ・葉酸・鉄分・亜鉛・食物繊維などの代表的な栄養素が不足します。母体の栄養が足りていなければ、限られた栄養をお母さんと赤ちゃんで奪い合うことになり、胎児の成長に不安が残ります。また、間違った認識のままで子育てをすれば、子どもも栄養が不足することになります。10代のうちから食を整えること＝バランスよく食べることが大切だということを理解してほしいです。

バランスのよい食事ってどういうこと？ という疑問に答えるため食生活をシーソーに喩えて考えてみましょう。私たちはシーソーの真ん中に立っています。女性にありがちな野菜×野菜の食生活や、男性にありがちな肉料理中心の食生活のように、一つの食材ばかりを食べていると、シーソーは片方だけに傾きバランスを崩します。一方で、さまざまな食材をバランスよく食べると、シーソーのバランスをうまく保つことができます。バランスがとれ

バランスよく食べるとシーソーがゆれないので疲れにくくなる

ると体が揺れない、つまり疲れにくくなります。炭水化物・脂質・タンパク質・ビタミン・ミネラル・食物繊維、の6大栄養素をまんべんなく補うために、シーソーが傾いていないかを考えながら食材を選びましょう。さまざまな食材とは、穀物・野菜・果物・肉・魚・大豆・海藻類。これらをバランスよく食べることです。

　また、和食はバランスの良い食事がとれる優れた食文化として見直されています。しかし、現代人の朝食は7割以上がパン派だそうです。まずはこの朝食をパンから「ご飯にお味噌汁とお漬け物」に変えるなど、和食を見つめ直すこともバランスよく食事を摂るための解決策につながるのではないでしょうか。

●家族を思う子育てママと野菜

　家族の健康を誰より願うお母さんたちは、いつも自らの健康のことは後回しに考えてしまいがちです。しかし、食生活を整えることは、家族のためだけではなく、ご自身のためでもあります。

たとえば、代表的なミネラルである鉄分。女性は特に不足させたくない栄養素ですが、日本人女性の4人に1人は鉄不足による貧血の疑いがあるといわれています。「貧血・たちくらみ・めまい」を感じないから大丈夫、と思われる方もいますが要注意です。鉄分はタンパク質と一緒にヘモグロビンを作るミネラルで、酸素を全身に運搬する役割があります。その不足症状として知られているのが貧血ですが、実はこれは鉄分不足の末期症状。そこに至るまでにも、身体はサインを出しています。たとえば目の下にクマができたり、顔色がくすんだり、疲れやすかったり……このような症状が現れたら、貧血の可能性があります。酸素を全身に運ぶ鉄分が不足すると、血行不良になり血液がしっかりと届かないので、クマやくすみとして顔に現れるのです。

　女性なら誰でも健やかな肌でいたいもの。肌の健康状態を保つためにも、鉄分は重要な栄養素なのです。つまり何が言いたいかというと、食を整えることは美容にもつながるということです。

　実は、私が野菜ソムリエを目指したきっかけは、肌トラブルです。当時吹き出物で悩んでいた私は、化粧品にお金をかけることで肌トラブルを解決しようとしていました。しかし、一時的に良くなっても、また別のところに吹き出物ができる。その繰り返しで、根本的な解決にはなりませんでした。そこで、身体の内側から肌に働きかけることが必要ではないかと思い、不規則なシフト勤務で乱れていた食生活を見直すことにしました。そして、当時テレビで話題になっていた野菜ソムリエを目指すことに。食生活を見直すと、肌の不調を感じにくくなり、食べることが女性の美しさを左右するということを痛感しました。

　「家族の健康のために」だけでなく、お母さん自身の「美」にもつながると考えれば、より楽しい気持ちで食事のメニューを考え、家族のために料理を作ることができるのではないでしょうか。

4 安心・安全な野菜を植物工場で

●植物工場での野菜の育て方

「水耕栽培」や「植物工場」といっても、どのように野菜をつくるのか、工場で野菜をつくるということはどういうことなのか、イメージができない方も多いと思います。また、「太陽を浴びていないから味が悪そう」「添加物や成長促進剤を使っているのでは？」といった疑問もあるでしょう。そこで、植物工場の仕組みを簡単にお伝えします。

植物工場には、野菜を栽培するためのベッドが並んでいます。光は、ベッドの上部に取り付けられたランプから照らされ、水は地下に埋め込まれたタンクから供給されます。また室内はエアコンで温度調節され、いつも一定の気温が保たれます。

また、植物工場内は太陽光を遮断した密室です。この環境のメリットは、無農薬で野菜を栽培することができること、かつ、天候による影響を受けないので、品質が安定するということです。また生育に必要な養分を含んだ水

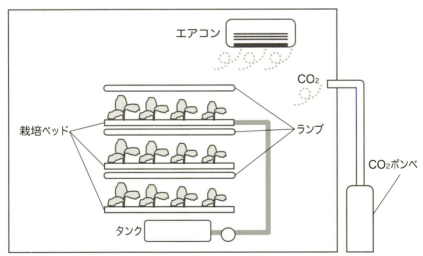

植物工場の内部は外気と遮断されている

をしっかりと吸収しているため、野菜自体の栄養価も高く、機能性に優れています。

●植物工場＝レタスだけではない

　次に植物工場でどのような野菜を育てられるのか、ご紹介しましょう。植物工場の野菜の主流はレタスですが、ここ数年で技術が向上し、他にもさまざまな種類の野菜を効率的に栽培できるようになってきました。

　レタスといっても、たとえばシャキシャキとした食感のフリルレタス、焼肉を巻くときに使われるサンチュ、ほのかな苦味と甘味があるロメインレタス、葉がしっかり巻いた結球レタスなど、さまざまな品種を栽培できます。そのほか、葉野菜の代表格である小松菜・ほうれん草・水菜・軸が紫色の紫水菜も育てることができます。

　また、果菜類のミニトマトやキュウリ、家庭菜園で人気のラディッシュを栽培できるだけでなく、イチゴを栽培する技術も研究されています。イチゴは年末から春先にかけてのお楽しみというイメージがありますが、植物工場なら真夏にも国産のイチゴを食べられるようになるかもしれません。多種多様な野菜が、一年中手に入ると思うとワクワクしてきますね。

5　料理教室で伝えたい野菜のポイント

●野菜を知ることから始める

　野菜の摂取量がなかなか伸びない原因の一つは、どのような野菜をどのように食べればよいのかが分からない、ということではないでしょうか。結局いつも同じ野菜を購入したり、同じ食べ方ばかりしてしまい、マンネリ化して飽きてしまうということもよく聞きます。つまり楽しく野菜料理を楽しむためには、野菜についての知識を得ることも大切です。

　私たち野菜ソムリエは野菜の魅力や感動を生活者に伝えています。そのための手段として、料理教室や野菜講座が活用できます。

　食育の観点ではお母さんとお子さんが一緒に学べる料理教室もおすすめで

す。また共働き家庭が増えているので、お父さんもぜひ男性向けの料理教室などを活用し、お料理の方法やコツを知ってほしいです。また、忙しいOLさんには仕事に行く前の時間に勉強をする「朝活」を活用するのもいいでしょう。

　こうした教室やセミナーがどんどん浸透していけば、野菜それぞれの栄養やおいしさの引き出し方を学び家庭で実践することで、野菜が身近な存在になると思います。

●収穫時期に合わせた調理法

　私は冒頭に述べた「ジャスナ農園」で植物工場の野菜を育てていますが、最初の頃、一度に十株以上の同じ野菜を収穫できるので、どうやって食べようかと困ったことがあります。植物工場の野菜は日持ちがいいとはいうものの、やはり収穫したてが食べたいと思うこともありました。

　そこで、収穫時期を何段階かに分けて野菜を持ち帰る方法を試してみました。たとえば、1回目は収穫時期を1週間早め、葉が柔らかい状態で収穫する、2回目は食べごろに、3回目は葉がしっかりとした時期に収穫。こうして収穫時期をあえてずらすことで、同じ野菜でも違った味の楽しみ方ができたのです。これは一つのオーダーメイドといえるでしょう。

　ほうれん草を例にあげてみましょう。最初の収穫では、葉がやわらかくアクが少ないので、サラダとして生のまま食べられます。2回目以降の収穫では、アクが出てくるので加熱調理をします。このように一つの野菜でも、収穫時期によって調理方法を変えることで特徴を生かすことができます。

●料理方法で栄養が変わる！

　野菜の栄養を十分に摂取するためには、調理方法にもポイントがあります。ビタミンB群やビタミンCは水溶性のビタミンといって、水に溶けやすい性質があります。摂取しても尿や汗と一緒に排泄されやすいため、一度で大量に食べるよりも少量ずつに分けて食べたほうが体に栄養は残りやすくなります。また調理方法にも注意が必要です。洗う際に水に浸しすぎたり、ゆ

がいている間に、せっかくのビタミンが溶けてしまいます。ですから、料理する際はできるだけ水にさらさないこと、加熱方法はゆがくより蒸すことがポイントです。

　一方、ビタミンA・ビタミンD・ビタミンE・ビタミンKは脂溶性のビタミンといって、油に溶けることで吸収率が高まります。調理の際は油で炒めたり、サラダとして食べるときはオイルベースのドレッシングを使うことがポイントです。またビタミンAは、レバーなど動物性食品からの過剰摂取は体に良くないため避けましょうといわれています。しかし、野菜から摂るビタミンAはカロテンとして体内に吸収され、必要な分だけがビタミンAに変換されるので、過剰症の心配はありません。カロテンを多く含む食材は、植物工場野菜でいうとほうれん草や春菊です。

　また、食べ合わせも大切なポイントです。たとえば、悪い例として「ほうれん草の白ワイン蒸し」。白ワインに含まれているタンニンが鉄分の吸収を阻害してしまいます。白ワインだけでなく、タンニンはコーヒーや紅茶・緑茶に含まれているため、食事中の飲み物にも気をつけたいですね。

　こうなると、何と何をどう料理すればいいのかわからなくなってしまいますが、食べ合わせがプラスの効果を生むこともあります。たとえば、鉄分はビタミンCと一緒に摂取すると吸収率が上がりますから、ほうれん草のバター炒めの仕上げにレモン汁をかけることで吸収を助けることができます。限りある栄養を効率よくいただくためには、このようなひと工夫も必要ですね。

● **植物工場野菜は美味しい？**

　ここまで植物工場野菜のメリットを中心にお伝えしていますが、どんなに安全で品質がよくても「味」が悪ければ……という方もいるのでは。私が初めて植物工場のフリルレタスを食べたとき、青臭みがなく、レタス本来の旨みと、シャキシャキの食感が優れていると感じました。全体的に植物工場野菜の特徴は、クセが少なく、ほどよい風味が残っています。そのため、野菜嫌いな方にも「これなら食べられる」と感じてもらえるのではないでしょうか。

●**野菜をおいしくコーディネート**

　植物工場の野菜と露地栽培の野菜それぞれの特徴を知り、使い分けることで食卓はより豊かになります。

　たとえばファッションをコーディネートするときを思い浮かべてみてください。洋服から靴・バッグ・アクセサリーまで、すべてのアイテムを同じ店で購入する人はいません。ショップやブランドにはそれぞれ得意分野があり、私たちはバラバラに購入したアイテムをコーディネートして着回したり、手持ちの洋服にこの靴が合う、と頭の中でイメージしながら購入します。洋服はその年の流行を取り入れたデザインを選び、アクセサリーは職人が手がける老舗ブランドのアイテムを、靴は自分の足にフィットするオーダーメイドの物を購入する人もいるでしょう。

　ここで現状の野菜選びをイメージしてみましょう。肉じゃがを作りたいからいつものスーパーに並んでいるじゃがいもと人参と玉ねぎを購入する。つまりただ野菜を手に取っているという方がほとんどではないでしょうか。これをファッションに置きかえると、寒いからコートを着る、運動をするからジャージを着るといったように、用途によってただ衣類を着ているだけの状態です。

　では、ファッションのブランド選びのように野菜を自分好みにコーディネートをすることができれば、どうなるのでしょうか。肉じゃがならじゃがいもは煮くずれしにくいメークインに、玉ねぎはシャキシャキしたものより加熱したときにくたっと崩れやすくて甘味が出る産地のものを、人参は固すぎず程よい柔らかさが残る品種がいい。今晩のサラダはドレッシングをかけてもシャキシャキ感が残る植物工場のフリルレタスにしよう、といったことが可能になります。さらに発展して野菜もオーダーメイドできるようになると、レタスのしゃぶしゃぶをするので葉が大きなフリルレタスを活用しよう、ほうれん草のサラダを作るなら、収穫時期を早めた葉がやわらかいものを活用しよう、という選択肢も生まれます。こんなふうに自分好みの野菜をコーディネートしたり、オーダーメイドすることができれば、楽しく料理を

レタしゃぶ

材料（2人分）
フリルレタス　2玉
水菜　1/2株
豚肉　250ｇ
昆布　適量

a ┌ 白練りごま　大さじ3
　├ 醤油　大さじ1.5
　├ てんさい糖　大さじ2
　└ 酢　大さじ1

作り方

① 水菜は5cm幅に切る。鍋に水と昆布を入れて30分以上おく。火にかけ沸騰したら、昆布を取り出す。aを混ぜ大さじ1ずつ器に入れ、昆布だしで溶く。

② 沸騰させた昆布だしに、具材を入れさっと火を通し、ごまだれにつけていただきます。

ほうれん草のサラダ

材料（2人分）
ほうれん草（葉がやわらかいもの）1束
レッドコス　1/2束
ベーコン　2枚
卵　1個
フライドオニオン　小さじ2

a ┌ マヨネーズ　大さじ1.5
　├ レモン汁　小さじ2
　├ 粉チーズ　大さじ1
　├ ニンニク（すりおろし）小さじ1/4
　└ 黒コショウ　少々

作り方

① ポーチドエッグの作り方…ゆで湯にお酢を加えたところに卵を割り、卵白を寄せて形を整え、一煮立ちさせる。火を止めふたをして3分蒸らす。
ベーコンはカリカリになるまで焼く。

② ほうれん草とレッドコスは3cm幅に切り、お皿に盛る。そこにベーコン、ポーチドエッグ、フライドオニオンを盛りつける。

③ aを合わせて作ったドレッシングをかければ完成。

フリルレタスのさっぱりジュース

材料（できあがり200cc）
フリルレタス　1/3玉
グレープフルーツルビー　1/2個
パイナップル　40ｇ
水　20cc

作り方

① グレープフルーツの実を取り出す。パイナップルは食べやすい大きさに切り、レタスは手でちぎる。

② ①と水をミキサーにかければ完成。

して食卓に「おいしい」の声が響き、家族の笑顔が生まれます。この積み重ねが野菜摂取量の増加につながるのではと期待しています。

6　植物工場野菜の豊かな可能性

●露地栽培と植物工場の併用時代が来る

　結局のところ、露地と植物工場、どちらの栽培方法で育てた野菜がいいのかと思う方もいるかもしれません。しかし、どちらかの野菜だけを食べればいいというわけではなく、両方のメリット・デメリットを知って選択の幅を広げることが大切ではないかと思います。

　まず、露地栽培では、生産者が日々厳しい自然を相手に、その土地と季節に合った農作物の種を蒔き、経験と勘を駆使して野菜を育てています。想いのこもった野菜は、私たちにとってかけがえのない恵みでもあります。

　しかし、虫による被害を抑えるためには、農薬を使う必要があります。また、自然環境で栽培する露地では、台風などの天候不良によって収穫量が激減する、あるいは収穫がまったくできない場合もあります。これは、生産者にとっても嘆かわしいことです。同時に、不作時は野菜の品質が下がるのに価格は高騰するため、私たち生活者にも影響が大きい問題です。

　それなら、すべての野菜を植物工場で置き換えればいいのでは、と考えるかもしれません。ですが、すべての野菜が植物工場に適しているわけではありません。大根やニンジンなどの根菜類、玉ネギやじゃがいものように土の中で育つ野菜、サトウキビやトウモロコシなどの丈の高い野菜は、今までと同じように太陽の光と肥沃な大地に生産者の技術を合わせ、露地で栽培するほうが効率がよいでしょう。また、大地のエネルギーや生産者の心のこもった野菜には、栄養価では計り知れない魅力が備わっているかもしれません。一方で、土を使わず、光と水だけで育てることができる野菜については、水耕で栽培するメリットがとても大きいのです。

　露地栽培と水耕栽培、一見相反する栽培方法と思われがちですが、大切なことは食べて「おいしい」と笑顔になる野菜づくりです。植物工場と露地栽

培、双方が発展することで日本の農業が支えられ、食生活はより安定した豊かなものになっていくでしょう。

●生活スタイルに合わせて野菜を選ぶ

　日々食べている野菜の味や食感を自分好みにできるとすれば、食卓にさまざまな可能性が広がります。まず一つ目に、野菜嫌いの子どもたちが食べやすいように、青臭さを抑え甘味を強くした野菜を作ることです。逆に、昔ながらの青臭さがあってこそ野菜、と感じる高齢者にはあえて青臭さを残すなど、味を調整することができます。

　また、少子化や核家族化で家族の構成人数が減っている今、レタスを一玉買ってもなかなか食べきれない、という悩みを聞くことがあります。せっかく安く買っても、食べきれずに捨ててしまっては無駄になり意味がありません。そのような場合は、小さめの食べきりサイズの野菜をつくります。そうすればいつでも新鮮な野菜を食べられますし、廃棄ロスもなくなります。一人暮らしの男性も、これならと手を伸ばしてくれるかもしれません。大家族向けには大ぶりの野菜が喜ばれるでしょう。また、週末に買いだめする共働き家庭や買い物になかなか行けない人なら、一度買ったらできるだけ長く新鮮に保ってほしいはずです。日曜に買ったレタスを金曜までシャキシャキに保ちたいというときは、日持ちを長くすることもできます。

　さらに一歩踏み込むと、食事制限されている患者さんや体をつくりたいアスリートの方向けに、特定の栄養価を引き上げた機能的な野菜をつくることもできます。生菌数が少なく、入院中の患者さんの食事にも適しているため、今後幅広い分野での活用が期待できます。

●野菜とオーダーメイド

　今、自分好みの色や形、素材を組み合わせて作るオーダーメイドの服やカバンが人気を集めています。ポケットの色、持ち手の長さ、素材など、どう作るかは自分次第です。これと同じように、植物工場はオーダーメイドで自分好みの野菜をつくることもできます。

家庭菜園をしたことがある方は感じたことがあるかもしれませんが、野菜を育てていると、さまざまなメッセージが野菜から届きます。もちろん野菜は言葉を話すわけではありませんが、葉っぱの色や形を変えることで、そのコンディションを知らせます。作り手は野菜の姿を見て、野菜と対話をします。今日は元気がないな、水がほしいのかな、日照りが続いているから疲れているんじゃないか、栄養が足りていないのでは、など。植物工場では、こうしたメッセージを読み取って、野菜が好む環境に調整できます。そして環境によって、野菜の味や形は自由に変えることができます。

　これは露地栽培ではなかなか実現できないことです。なぜなら、天候や気温は人間では管理することができないからです。雨の量は自分好みに調整することはできません。地域ごとに土の状態も違うので、同じ種を使っても、同じ速度で同じ品質の野菜ができるとは限りません。しかし、植物工場ではこうした環境すべてを、細かく調整することができます。「しっかりとした甘味のレタスがほしい」とか「シャキシャキ感を重視させたい」など、希望に合わせてオーダーメイドもできます。

　食の主役は生活者です。作り手が、もっとも身近な生活者である一般家庭の声に耳を傾けた野菜づくりを行うことで、家庭の食卓風景も変わっていくのではないでしょうか。

●野菜の旬と栄養価

　水耕栽培で育てた野菜は、露地の野菜に比べて栄養価が低いのでは、と心配に思う人も多いのではないでしょうか。露地栽培は、旬＝野菜にとって最高のコンディションを保てる季節に、栄養たっぷりの野菜をつくることができます。一方水耕栽培の場合、環境を自由に変えることができるので、常に旬のような最高のコンディションを保つことができます。ですから、栄養価も露地栽培の野菜と同等、もしくはそれ以上に高いのです。

　日本人は古くから「旬」を大切にしてきました。旬は、野菜の栄養価がもっとも高まる時期です。でも今は、ハウス栽培技術が進歩しているために、季節を問わず野菜や果物が出回ることが当たり前になり、旬の感覚がずれてし

まっています。たとえばイチゴは、クリスマス頃から店頭に並びだしますが、旬は春です。また、トマトは夏に太陽に向かって真っ赤な実をつけるのが私の幼い頃の印象ですが、現在、最も多くの品種のトマトが出回るのは5月頃です。

　ほうれん草は今ではほぼ一年中手に取ることができますが、1年を通して同じ栄養価というわけではありません。2015年に発表された『7訂　日本食品標準成分表』によると、ほうれん草には「冬採り」と「夏採り」とで欄が分かれています。ビタミンCの含有量を比較してみると、冬採りで60mgに対し、夏採りではわずか20mg。冬採りの3分の1しかありません。旬の時期とそうではない時期では、確実に品質が違うのです。季節によって栄養価が違うことは、すべての露地野菜にいえることです。

　ところが、植物工場では季節にかかわらず一年中同じ環境で育つので、栄養価が変わりません。しかもその環境は、野菜にとってのベストコンディション、つまり旬の状態ですから、一年中高い栄養価の野菜を収穫することができるのです。食べたいと思うときに常に同じ品質の野菜を手に入れることができるのが、植物工場の魅力です。

　また、野菜の栄養価が年々下がっていることはみなさんご存知でしょうか。たとえば、野菜100gあたりのビタミンCの含有量を20年前と比べると、ニンジンは7mgから4mgに、トマトは20mgから15mgに低下しています。

　なぜ栄養価が下がってしまったのでしょうか。さまざまな要因が考えられますが、まず一つには、土地がやせてしまっていることがあげられます。1年に何度も野菜を栽培しようとしたり、過度な施肥を繰り返したりが土の力を弱めてしまっているのです。そのために野菜が十分に栄養を吸収できなくなってしまっています。このまま同じように土耕栽培を続けていくと、5年後、10年後にはもっと品質が下がっている可能性もあります。これでは、いくら野菜を食べてもなかなか必要な量の栄養が摂取できません。しかし植物工場なら、何年たっても同じ品質を維持できるので安心です。

100gあたりのビタミンC含有量

	20年前	→	現在
ブロッコリー	160mg		120mg
チンゲンサイ	29mg		24mg
パセリ	200mg		120mg
小松菜	75mg		39mg

ほうれん草100gあたりに含まれる量

	1950年	1982年	2000年
ビタミンC	150mg	65mg	35mg
鉄分	13.0mg	3.7mg	2.7mg

『日本食品標準成分表』より
ビタミンCの含有量は1950年から2000年の50年間で約5分の1に減少した。
2016年の調査では鉄分の含有量は2.0mgとなり、やはり1950年から約5分の1に減少している。

● **生活者と生産者が共につくる野菜**

　今後、植物工場の野菜はインターネットで個別購入できるようになるでしょう。家庭で料理を作るお母さんたちが「甘味や苦味」「大きさ」「日持ち」などを自分で選んで注文することも可能になるかもしれません。自分好みの野菜を育ててもらうことができれば、家族の好みや作る料理に合わせて「この野菜を使ってみよう」と気軽に注文できるので、メニューを考えたり料理をしたりする楽しみが増えます。

　インターネット注文の大きなメリットは、生産者と直接のやりとりができるという点です。「もう少し甘味がほしい」など、食べた後の率直な意見や感想を伝えることで、いい野菜づくりのフィードバックになります。またそれだけでなく、「この野菜に合うメニューを教えてほしい」「料理のコツは？」といったやりとりもできるようになれば、さらに料理が楽しく広がっていきます。生活者と生産者が二人三脚でマーケットをつくることで、野菜の価値はこれまで以上に高まるでしょう。

第2章　生活者が望むマーケットインな野菜を食卓に！

●オーダーメイド野菜を家庭に宅配で

　オーダーメイドした水耕野菜が宅配される仕組みが整えば、現在700万人いるともいわれている「買い物難民」の問題を解決することができます。「買い物難民」とは、徒歩で行けるスーパーや商店街が衰退したために、食糧や日用品を買いに行くことが困難な人たちのことです。最近では郊外型のショッピングモールが増えましたが、高齢者の場合車の免許を返納しているケースも多く、徒歩で重い野菜を買いに郊外のスーパーに行くことはできません。現在、買い物に困っている高齢者や身体障害者の方々は、地域ボランティアの協力を得たり、介護サービスを利用することで買い物問題を解決しています。しかし、世界のなかでも際立ったスピードで高齢化が進み、2025年には人口の約30％が65歳以上の高齢者になると予想[8]されている超高齢化社会の日本で、このようなシステムでカバーするには限界があります。思うように"食"にたどりつくことができない買い物難民[9]は増え続けると考えられます。

　宅配野菜の充実は、こうした問題の対策にもつながります。インターネット等で注文すれば、毎週栄養バランスの整った野菜が個別宅配されるシステムです。植物工場野菜は日持ちがよく、葉野菜の場合3日程度で鮮度が落ちるのに対し、約9日は冷蔵庫保存で鮮度を保つため、1週間に1度まとめて配送してもらえば間に合います。

　また、一軒一軒に宅配されるということは、宅配する人がいるということです。その人が高齢者にとって身近な存在になれば、健康状態を確認することで声かけ運動にもつながり、高齢者にとって暮らしやすい社会が実現します。

------

[8]　厚生労働省「人口予測」〈http://www1.mhlw.go.jp/topics/profile_1/rouken.html〉
[9]　買い物弱者
　　〈http://www.meti.go.jp/policy/economy/distribution/kaimonoshien2010.html〉

第3章
農業は環境問題につながる

1　地球温暖化による農業への悪影響

●温暖化の影響

　露地栽培による農業は、地球環境の変動による影響を刻々と受けています。その一つが地球温暖化による影響で、ここ数年で農作物の栽培地がどんどん北上しています。コメの栽培の多くが北海道や東北で行われていますが、これは温暖化の典型的な現象といえるでしょう。野菜も、多くは涼しい気候を好みます。ですから、冬場はともかくとして九州や沖縄などでは、これまで夏場にできていた農作物の栽培が難しくなり、今後、マンゴーなどの温暖な気候で育つ果物の栽培が主流になっていくと予想されます。さらに温暖化が進めば、露地栽培で農業ができる土地がさらに限られてしまいます。環境の変動が農業に押し寄せてきて、もう待ったなしという状況になっています。

　栽培地の北上は、野菜の輸送にも問題を生み出しています。コメや小麦などある程度日持ちするものであれば北海道のような場所で栽培し、消費地へ輸送して貯蔵しておいてもいいでしょう。しかし、野菜のようにあまり日持ちしないものをつくって遠方まで運ぶとなると、輸送している間にも傷んでしまいます。野菜は、近場で栽培してその周辺地域で消費する、という地産

地消に近づけることが大事です。

　これが第二次産業や第三次産業であれば生産をやめてしまうという選択肢もありますが、農業は人の命の源ともなる産業なので供給をストップするわけにはいきません。農業関係者は、高い気温の中でも栽培できる種の開発や品種改良などを重ねて対処をしていますが、これも一定の限界があり、完全な解決策とはいえません。環境の変動に対して、どう対応し今の問題をクリアしていくかがこれからの農業のあり方を左右します。

●大気汚染による影響

　PM2.5の飛来や放射能による、作物や土地の汚染も心配されています。PM2.5とは、直径2.5マイクロメートル以下の微小粒子物質のことで、粉じんや黄砂、燃焼による排出ガスなどを総称したものです。

　大気中に浮遊しているPM2.5は、雨が降れば雨粒にくっついて落ちてきて土壌や農作物を汚染します。野菜の葉が汚染されてしまうとしっかりと洗って食べなければなりませんが、洗ってもなかなかきれいにとれないのがPM2.5の汚染です。特に、生野菜を食べる場合は高い衛生レベルが求められるので、最近では、病院の入院患者にはできるだけ生野菜を食べさせないという傾向があります。抵抗力のない人に、汚染されているかもしれない、あるいは痛んでいるかもしれない野菜を生で食べさせれば食中毒などを起こす危険性があるためです。そして、この「かもしれない」という心配こそが、環境汚染が農業にもたらす問題のなかで最も大きなものといえます。

●風評被害と農業

　PM2.5が付着したからといって、野菜は枯れることはありません。また、PM2.5による汚染の検査は現在行われていませんし、目にも見えないため、実際に汚染物質が野菜に付着しているかどうかはわかりません。もし口に入ったとしても、どれくらいの健康被害が出るのか、あるいはほとんど出ないのか、正確なデータは何もありません。ただ消費者が、「野菜が汚染されているかもしれない」「汚染物質が体内に入れば、健康に悪いだろう」と心配

になれば、その食材や生産者も信用できなくなります。疑心暗鬼がやがて風評被害を生み、いいものも悪いものも一緒にひっくるめてしまって、野菜をつくっても売れない、という事態を招いてしまいます。野菜の価格は暴落し、取引量も急激に低下します。そしてひとたびこのようなことが起きれば、回復までに相当な年月を要します。環境問題は、こうした心理的な側面からも農業に影響を及ぼしているのです。

2　リン鉱石の枯渇は深刻な問題

●リン酸はなぜ野菜に必要か

　植物の生長には、酸素や水素、炭素、カルシウム、マグネシウムなど12〜17元素が栄養素として必要です。なかでも窒素とリン酸とカリウムは多量に要求されるため「多量要素」と呼ばれています。そのうちの一つであるリン酸は、花や果実の成長を促す元素で、欠乏すると着花数が少なくなり、全体的に小型で成熟が遅れ、収穫量が低下します。

　リン酸は、人間にとっても必要不可欠な元素で、体内へのエネルギーの貯蓄や代謝に重要な役目を果たします。また、骨の約70％はリン酸カルシウムの一種からできています。

　このように、リン酸は植物や人間にとって必須の元素です。もともと土壌中に含まれているものですが、鉄やマグネシウムなど他の元素と結合するため作物に吸収されにくく、野菜の栄養素になる有効なリン酸はほとんどありません。また、肥料として与えたリン酸も速やかに土壌に吸収され結合してしまうため、作物に吸収されるのはわずか10％程度。残りは土壌に集積されていきます。したがって、こうした土壌ではまず土の改良が必要となりますが、昨今では、施肥の基本的知識をもたない生産者がリン酸の集積した土壌へ重ねて施肥をしてしまい、リン酸の過剰集積が問題となっています。しかしその一方で、資源としてのリンの枯渇が徐々に進んでいるのです。

第3章　農業は環境問題につながる

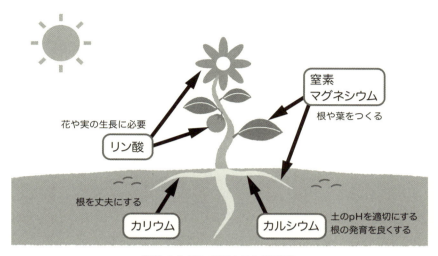

植物の生長に必要な5大栄養素

● リン酸供給の現状

　肥料に使われるリン酸は地球の資源であるリン鉱石に含まれていますが、今後採掘可能なリン資源は20Gt（ギガトン）、可採年数は60〜70年と予想されています。特定の国に巨大な鉱床があり、かつて太平洋南西部に浮かぶナウル島にあるナウル共和国は、国土面積21km²という小さな国ではあるものの、良質なリン鉱石が採掘できていました。輸出によって国は豊かに栄え、税金のない国として有名でしたが、20世紀末にリン鉱石が枯渇し、今ではインフラを維持することさえ困難なほど経済的に困窮しています。

　資源のない日本は、中国をはじめ、南アフリカやモロッコからリン鉱石を輸入しています。その輸入量は、1990年代には年間約140万トンにものぼりましたが、資源の枯渇や枯渇を憂慮する産出国の囲い込みにより年々産出量は減り続け、2014年には約31万トンにまで減少しています。また、価格も上昇傾向にあり、特に2008年の四川大地震を契機に産出量が減少した中国では、国内の肥料相場をコントロールするためにリン鉱石に100％の関税をかけたことから国際価格はさらに急騰しました。

● 深刻なリン鉱石の枯渇

　リン鉱石が枯渇の危機になれば、産出国が輸出規制をかけてしまうというリスクがあります。現にアメリカでは、フロリダ州の鉱山から採掘されるリン鉱石に対し、1990年代にいち早く禁輸措置を実施しています。中国でも規制をかけて徐々に輸出量を減らしています。リンの供給を100％輸入に依存している日本は、産出国が輸出制限をかければ大きな打撃を受けます。国産野菜が生産できなくなるのでは、と危惧する声すらあり、事態は深刻です。

　またリンは農業だけでなく、工業や医療の分野でも注目されており、今後も引き続き人間の生活には欠かせない重要な資源として必要とされるでしょう。そのため、枯渇が進むことで、希少資源を巡って国際紛争が起こる恐れも指摘されています。

● 農業従事者がやるべきこと

　枯渇が心配されるリンは、厳密にいうと鉱物資源としてのリン鉱石です。海底にはまだ十分な量のリンが眠っているとされており、採取は可能です。ただし採取コストが跳ね上がるため、価格の高騰は避けられません。今後何十年かをかけて、コストを抑えて海中のリンを採取する技術も生まれるかもしれませんが、それはまだまだ先のことになるでしょう。また、海中のリンも無限ではないので、いつかは枯渇してしまいます。

　ですから今、農業の担い手がするべきことは、枯渇を早めてしまわないように資源を大切に使い、肥料を無駄遣いしないことです。枯渇が心配される一方で、肥料の撒きすぎによる土地の汚染も問題となっています。肥料は貴重な資源からできているということや、資源を大切に使おうという意識をもつことが、すべての生産者に求められています。

3 農業による環境汚染の拡大

●農薬による環境汚染

さんさんと輝く太陽に恵みの雨、生き生きと育つ緑。日本人の心にノスタルジーを呼び覚ます、のんびりとした田んぼや畑の風景。これが農耕民族である日本人がもつ、一般的な農業のイメージではないでしょうか。しかし今、農業による環境汚染が問題となっています。

農業は自然の恩恵を受けていますが、同時に自然との戦いでもあります。台風や水害、季節による気温の変化、そして虫による被害。虫食いで穴があいたり変色してしまった野菜は商品にならないため、農薬の散布は避けて通れません。しかし、農薬は殺虫剤ですから、人間や自然に少なからず負担を与えます。たとえば、2006年ごろからミツバチが一夜にして大量に失踪する現象「蜂群崩壊症候群（Colony Collapse Disorder、CCD）」がアメリカをはじめベルギーやフランスなど世界の各地で起きています。その原因の一つが、コメの栽培に用いられるニコチノイド系の農薬ではないかといわれています。花の蜜と花粉を主食とするミツバチが、ニコチノイドが付着したコメの花粉を食べて死んでしまっているのではないかという説です。フランスではすでに一部の農薬を使用禁止にしました。

●化学肥料による環境汚染

化学肥料の過剰な散布も環境汚染の原因になっています。露地栽培で化学肥料を使う場合、パウダー状の肥料を土に撒きます。しかしパウダーなので、雨が降ると溶けて濃度が下がってしまいます。そのため、肥料を追加しなければならなくなるのですが、肥料濃度が目に見えるわけではないので、作業に慣れていないと肥料を追加しすぎてしまいます。肥料の撒きすぎは、塩類集積[*10]を引き起こすことがあり、栽培に悪影響を及ぼします。これ

---

* 10　土壌中の塩類が表層に集積する現象で砂漠化の原因となる。耕作地では濃度障害で作物の生育が停止したり、葉がしおれたり枯れたりするなどの障害が出る。

が、化学肥料の使用で問題となっている点です。

　このように、露地栽培で化学肥料を使う場合、どのタイミングで、どれだけの量を追肥するかを判断するのは、農家の経験と勘がものをいう難しい作業です。しかし最近では、農水省が農家の担い手不足を解消するために、若手の労働者を農家に転身させるという施策を実施しています。そのため、経験の少ない若手農家が増え、追肥をしすぎてしまうケースが多くなっています。追肥を繰り返すうちに地下水にまで肥料がしみ込んでいきます。リンが過剰に地下水のなかに入ると富栄養化を引き起こし、これが生態系を狂わせる原因の一つとなっています。

　この他にも、同じ土地で作物をつくり続けると、地中に含まれる微量元素が作物に吸収されるため、土地がやせてしまうという「連作障害」の問題もあります。連作障害が起きないように農家の方たちは土地をローテーションしながら使っていますが、農業ができる土地がどんどん限られてきている現在において、広い土地を必要とするこの方法は効率が良いとはいえないでしょう。

● 農地からの温室効果ガス排出

　農地土壌からの温室効果ガスの排出も、国際的に問題となっています。化学肥料の過剰な投入や作物残渣によって土壌中の有機物が増え、微生物がこれらの有機物を分解する際に温室効果ガスを発生させるのです。具体的には、二酸化炭素（CO_2）や亜酸化窒素（N_2O）、一酸化窒素（NO）の大気中への排出です。これらはいずれも、地球温暖化の原因となる温室効果ガスで、特にN_2Oの温暖化係数はCO_2の310倍といわれています。

　水田の場合でも、土壌表面に水が張られることで土壌中の酸素が乏しくなり、嫌気性微生物であるメタン生成菌が活発に活動することで多量のメタン（CH_4）が発生します。

　また温室栽培では、冬になると気温が下がりすぎてしまうため、夜間は石油ストーブで暖房しています。すると燃焼によってCO_2が発生します。昼間であれば光合成をする野菜がCO_2を吸収してくれますが、夜になると光合成

は呼吸に切り替わるため、CO_2が排出される一方になります。

　日本における農業分野からの温室効果ガス排出量は、全体の約3％程度とみられています。この数字は小さいように思えますが、地球全体でみると総排出量の10％以上が農業による排出とみられており、農業活動による環境負荷は決して少なくないことがわかります。温室効果ガス排出量の削減に向け、国際的にもさまざまな対策がとられていますが、その効果は限定的で、排出量は依然増加傾向にあります[*11]。

　農業自体が地球温暖化の影響を非常に受けやすい産業であることを考えると、この先、農業活動そのものが農業を不安定にしてしまうという矛盾に陥ることになります。排出量の削減に向けた農業技術の開発も大切ですが、まずは生産者が農業による環境汚染についての知識を持ち、一人ひとりが対策を行うことが求められます。

4　人口増と食糧危機は地球の苦悩

●世界の食糧不足問題

　人口減少が続いている日本ではあまりピンとこないかもしれませんが、開発途上国ではバースコントロールがされず人口が増え続け、世界人口は2050年までに現在の72億人から90億人を超えると予測されています。人口増によって農産物の需要量の増加が予測されるのに対し、工業化や都市化、地球温暖化によって農地が減少するなか、石油やリン鉱石などの資源の枯渇が進み、近い未来には世界中で食糧危機が起きると予測されています。現に今も、世界には飢餓に苦しむ人たちがあふれています。とはいえ、食糧は地球全体でみると足りています。ただ、あるところには有り余るほどあるのに、ないところでは全然足りない。こうした配分の不均衡がひっ迫した生活をもたらし、世界各地で窃盗や海賊問題といった治安の悪化を引き起こしています。

[*11]　FAOSTAT〈http://faostat3.fao.org/browse/G1/*/E〉

また世界的にみると、水不足が深刻な地域も存在します。水不足は農業の不安定要因となり、食糧を自給自足することを困難にします。食糧の供給を需要に追いつかせるためには、農地で生産の回転数を上げていくことが求められますが、露地栽培では二期作や二毛作などのように年に数回収穫するのが限界です。

● **他人事ではない、日本への食糧危機の影響**

　食があふれる裕福な日本に住んでいると、食糧危機は無縁に思えます。しかし世界の食糧危機問題による影響は、着実に日本にも迫ってきています。

　農産物を栽培する土地や資源が少なくなると、生産国はまず自国の食糧を確保しなければならないため、輸出を制限します。すると、農産物の価格が高騰します。国際機関では、数十年後にはコメは現在価格の5割、トウモロコシは6割も上昇すると予測しています。2014年の食糧自給率が39％で食糧の6割以上を輸入に頼る日本にとっても、決して他人事ではありません。トウモロコシ、大豆、小麦をはじめ、それらを原料とするすべての食材の価格が高騰し、食べたいものが高くて買えないという事態を招く可能性もあり

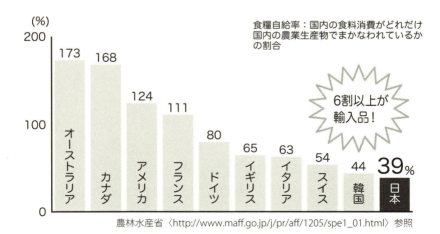

日本の食糧自給率は39％

ます。そうなると、日本でも貧富の差が拡大し、社会的な問題として深刻化することも予想できます。食糧危機は起こらないという楽観的な見方もありますが、2006年頃から断続的に小麦や大豆の価格が上がり続けてきたという経緯があり、原材料価格の上昇が消費者の生活を圧迫しているのも事実です。日本も世界の食糧危機問題に対して向き合い、備えることが必要な時代になってきています。

5　植物工場によるソリューションで未来を拓く

●地球の環境変動への解決策

　植物工場野菜は、天候や気候などの異常変動に影響されないため、これからも変わらず安定した品質と収量で生産し続けることができます。菌の少ない、クリーンな環境で栽培されているため、PM2.5はもちろん、農薬もかかっていない安心・安全な野菜です。無農薬なうえに生菌数が少ないので洗う必要もなく、栄養価が水に溶け出すことも抑えられます。生活者が抵抗感なく生野菜を食べられるだけでなく、高齢者や入院患者さんにとっても、効率よく栄養を摂取する最高の食材になるはずです。

　また、環境への負荷も非常に少ない産業です。化学肥料で土地を汚染することもなければ、CO^2を大量に排出するということもありません。工場の稼働には余剰電力と循環する水を用いる、エコな栽培方法です。

●食糧不足への答え

　将来不足するであろう食糧を補うためには、植物工場のように、場所を選ばず短期間で作物を生産できる仕組みを整えることが必要です。温暖化に影響されることなく、露地栽培の約3倍のスピードで野菜を生産することができ、肥料も水も無駄にならない植物工場は、安定的に食糧を供給するための非常に有効な方法です。

　中東の砂漠に植物工場を作ろうという計画もあります。砂漠といってもインフラがある程度整った場所で建設するので、技術的には可能です。しか

し、野菜に対する意識の違いがこの計画の実現を難しくしています。中東の国々の人にとって、高いお金をかけて購入するものという認識はありません。クリーンで農薬のかかっていない植物工場野菜にそれほど高い価値を認めるとは考えにくく、事業として成立しにくいという背景があります。世界レベルでの普及にはまだまだ時間がかかると思われますが、中東やロシアなど、露地野菜が育てられない地域で野菜が自給できるシステムが整えば、健康にも経済にも良い効果をもたらすことは確実です。

● **安全性の証明と安心の食を消費者に**

　さまざまな課題のソリューションとして植物工場は非常に役立ちますが、普及にはまず、消費者にその安全性を示す必要があります。一般にはまだまだ理解されていない植物工場野菜を信頼して食べてもらえるよう栽培プロセスを明らかにし、不安を取り除くことが大切です。

　植物工場では、温度や光の管理も機械で行うため、栽培プロセスをすべて目に見えるデータで表すことができます。安全であることをアピールし続けるよりも、リアルなデータを公開するほうが説得力があります。もちろん、なかにはオープンにしないほうがいい情報もあります。たとえばスーパーに野菜が並んだとき、収穫の日付がオープンになれば、たとえ消費期限までに余裕がある野菜でも、日付の新しい野菜ばかりが売れ、少しでも古い野菜は売れ残る恐れがあります。すべての情報をガラス張りにすることは難しいですが、しかし少なくとも、植物工場野菜がどのような環境でつくられているか、という栽培の履歴をクリアにすることが、植物工場野菜を安心して食べてもらう第一歩となるのではないでしょうか。

第4章

座談会 野菜の生産がマーケットインの時代になる

森　　一生　（森久エンジニアリング代表取締役社長）
小野　裕美　（株式会社ドクターミール代表取締役・栄養学博士）
岡明　理恵　（日本野菜ソムリエ協会認定野菜ソムリエ）

1　植物工場野菜の多様性が見える

Q.　植物工場野菜について、みなさんのお考えをお聞かせください。

森　今、環境の異常などで野菜の供給が不安定になっていることに加えて、公害や農薬などの問題も注目されるようになって、衛生的な野菜への必要性に多くの人が気づき始めています。そうしたなかで、クリーンな野菜を安定供給できる植物工場は今後、大事な役割を担うと思います。

小野　天候や気候に左右されないので、安定して手に入るという点がいいですね。農地がなくても、都市部のお店の中でもできますから、非常に大きな可能性を秘めていると思います。洗わなくてもいいという点でもいろいろメリットがあり、現代人にピッタリではないでしょうか？

岡明　私は、生活者のニーズに応じて必要な量を作ることができ、生産量を調整できるという「安定」が一番の魅力ではないかと感じています。

森　必要な野菜を必要な量だけつくるというのも農業の一つのあり方ですね。廃棄される野菜にも肥料は使われていますから、廃棄が出れば出るほど資源の無駄遣いになる。

小野 少子高齢化・核家族化が進み、また共稼ぎ夫婦が増えて、食習慣や生活様式が変化してきています。野菜の消費量は減少傾向ですが、サラダの消費量は増えています。また、施設給食は増加していますが、大量調理の場合廃棄を減らすことのできる植物工場野菜は効率的だと思います。

岡明 農業の担い手が減少しているという問題に対しても、一部の解決につながると思います。植物工場の管理は農業を知らない方もできますから、担い手不足のなかでも野菜づくりを継続していくことができる一つの方法になるのではないでしょうか？

森 植物工場の可能性には、少しあげただけでも切り口がたくさんありますね。環境の問題、資源の問題、担い手の問題など。食生活が多様化していますが、露地野菜では解決できない部分のソリューションとして植物工場野菜が役立っていくと思います。

Q. 野菜の栄養価が下がり続けているというデータがありますが、その原因はなんでしょうか？

森 土がやせていることや環境の変動など、いろいろ原因はありますが、周年栽培が大きいでしょう。年間コンスタントに露地で野菜を生産しようとすると、本来の旬とは違う季節に無理に栽培することになりますから、なんとか野菜の形には育っても、旬から外れると栄養価はストンと落ちてしまいます。

小野 たしかに、肉類は量産化されてもそれほど栄養価は変わっていませんが、野菜の栄養価の低下は否めませんね。今、国が機能性食品の摂取を推進していますが、その原因の一つは野菜の栄養価の低下だと言われています。

岡明 栄養価が低下しているということは、食べる量を増やさないといけないということになりますね。でも、1日350gの野菜を食べましょう、ということは生活者のみなさんもご存知ですが、その野菜に含まれる栄養価が低下しているという情報は届いていないんです。

小野 そうですね。私たちは患者さんに食事指導を行うことがありますが、野菜を食べる必要性や大切さは伝えますが、「バランスよくとりましょう」というところに重点が置かれていて、野菜のもつ実質的な栄養価については

第4章 座談会 野菜の生産がマーケットインの時代になる

あまり発信されていない状態です。

岡明 野菜を食べていても、栄養不足に陥ってしまうことになりかねません。料理教室で野菜の情報を提供しながら、おいしさを追及するだけでなく、野菜の栄養価を高めることができないかと考えていました。ちょうどその時、植物工場野菜に出会い、野菜の栄養価を高めることができることを知り、これは大きな強みになると思いました。

森 どんな野菜がほしいのか、消費者の望みに合わせて栄養価を設計できるのが植物工場のメリットですから。植物工場野菜は、一年中で旬と同じ栄養価がある「常旬野菜」なんです。

森 一生

小野 野菜自体に栄養価が高いというのは非常に画期的です。患者さんの体調に応じてサプリメントで栄養を補うようにおすすめしていますが、薬の形をしたサプリメントでは食から遠ざかってしまう。栄養と、おいしいものを食べる食事にギャップがあってはいけないと思うんです。

森 栄養価があればなんでもいいというものでもなくて、やはりおいしさや彩り、雰囲気を楽しむことも大切。いろんな角度から野菜をみていくと料理の仕方にも工夫が生まれて、食が豊かになっていくと思いますよ。

2　入院中や病後、高齢者の食事に栄養価の高い植物工場野菜を活用する

Q.　患者さんや高齢者の食事にはどのように活かされていくでしょうか？

岡明　植物工場野菜のいいところは、菌が少ないので洗わなくても衛生的に食べられるところ。栄養価の高い生の野菜を、患者さんやお年寄りも安心し

て楽しんでいただきたいですね。

森 ただ、いくら植物工場の野菜が無農薬で生菌数が少ないですよ、といっても、現状は病院で生野菜を食べるのは難しいでしょうね。病院としては、体力の落ちた患者さんに生野菜を提供して、食中毒が起きてに困りますから。まずは、安全であることや栄養価が高いことを理解してもらって、生野菜を病院でも食べようという雰囲気が醸成される必要があるのではないでしょうか。

小野 おいしい病院給食というコンセプトで、栄養価が高くて味も良い植物工場の野菜を取り入れていけば、病院給食の姿が徐々に変わっていくかもしれません。現状、病院給食のほとんどは委託業者がまかなっており、いかに安全かつ安く作れるかということに重点が置かれています。おいしさを優先することは難しいように思います。

岡明 産後で入院中のお母さんや回復期の患者さんなら、衛生に気を使うだけでなく、おいしい食事が食べたいですよね。まずは退院間近の患者さんから、シャキシャキの野菜を食べる機会が増えていけばと願います。

森 退院後の患者さんの食事にも活用してほしいですね。

小野 そうですね、入院患者を減らしたいという国の方針があるので、今後は在宅の患者さんも増えてくると思います。退院した方の日常の食事をどうするかということを考えると、新鮮な日持ちのする野菜を直接お届けすることは利便性の面からも良いことと思います。

岡明 宅配野菜は、高齢者の食事にもメリットになりますね。高齢になるとスーパーへ買い物に行くことも難しくなるので、宅配野菜なら高齢者にはフェイスtoフェイスの注文で、一人ひとりに確実にお届けできますね。

森 特に植物工場の野菜は日持ちがするので、宅配に非常に向いているんです。葉野菜は通常だと3日ほどで傷むので、宅配するとなると週に2〜3回届けないといけない。それだと送料がかかって負担が大きくなりますが、植物工場なら9日ほど持つので、週に一度届けてもらえばいいですから。

岡明 日持ちがすると、いつでも新鮮な状態で野菜を食べられます。私も実際に水耕栽培野菜を作っていますが、最初驚いたのは、パリッとした食感が

数日間保たれていることです。この喜びも植物工場野菜の魅力ですね。

小野 野菜以外にも、ある程度調理された食事を届けることも必要だと思います。お年寄りになると歯が弱くなって、食べたいという気力もなくなってしまうので、なかなか手間をかけて自分で作るというのは難しくなりますから。今は、歯が悪い方に野菜をスープにしてお届けしようと計画しています。

森 消化する力が弱い人や歯が悪い人に向けた野菜をつくれたら、ますます用途は広がりますね。

小野 機能性のある野菜を作ってみるというのもいいのでは。現在、低カリウム野菜がでていますが、食事療法が必要な疾病を患っている方や高齢者の方々にとって、エビデンスのある「より健やかに」を担える野菜があれば、医療の分野においても画期的だと思います。

岡明 そういう栄養価や機能性がどれだけ含まれているのかを表示していくことも大事ですね。今はまだ、生活者の植物工場への理解は低いですが、実際に栄養価を示すことで徐々に理解されていくのではないでしょうか。

3 大きさや味をカスタマイズできる、オーダメイド野菜の魅力

Q. 植物工場野菜は今後どのように発展していくでしょうか?

岡明 今はちょっとした日用品でもインターネットで注文する時代。世代や家族構成によって求める野菜は違っているので、サイズや味などを自分で選べる、つまり「カスタマイズ」できる「オーダーメイドの宅配野菜」は愛好者が増えるのでは？ そしてこれが植物工場野菜が発展するサイクルを生むのではないでしょうか。

小野 インターネットなら、野菜を宅配するだけでなくて、消費者と販売者の双方向のアプローチが可能になりますね。こちらからは野菜に含まれる栄養価やレシピを発信する、消費者からは感想や要望が届くなど。

森 今、物流業者との連携で受発注システムの開発も進んでいます。これまでは玉レタスを何個、という単純なシステムでしたが、これからはどんな野菜を何グラムで、色は濃くて、味は薄いほうがいい、という細かいスペック

に応えられるようになります。

岡明 ではまず、どのような野菜を求めているか、という生活者の声を拾うことが必要ですね。

森 でも消費者の方はまだ、そこまで野菜が変化するということをご存知ないのです。農業はこういうもの、という露地栽培の固定概念があって。

小野 消費者だけじゃなく、バイヤーの方にもまだ知られていないのでは？

森 そうなんです。バイヤーさんに「大きさや味をアレンジできる」という話をすると驚かれます。「それなら大きさはこうで、味はこうで……」とそこから初めて話が広がってアイデアが出てくる。

小野 高齢者の方にはフェイス to フェイスで、お母さん方にはスマホなどを活用して、植物工場ではいろいろな野菜ができることを発信していきたいですね。

岡明 最近、私が水耕栽培を体験している「ジャスナ農園」で植物工場野菜を使った料理教室が始まりました。教室を通して、露地野菜との食べ比べなどをしながら、料理だけじゃなく「野菜を自分好みに作る」という楽しさを伝えるようにしています。今後、生徒さんに望む野菜をヒアリングして、ニーズをつかみたいです。

森 カスタマイズ野菜を食べる時代はすぐやってきます。そこに、料理をする方の感覚は非常に大切なんです。ぜひ、求めているものを知りたいですね！

4　野菜が嫌いな子どもへのアプローチ

Q. 野菜が嫌いな子どもには、どんなアプローチができますか？

森 私が教えている空手教室の小学生に、野菜の試作品を食べてもらうことがあるんですが、あっさりめに作った野菜はおいしいと言ってくれますね。逆にわざと苦味のある野菜をあげると嫌がって食べない（笑）。

小野 そのままの野菜を食べさせるのは難しいでしょう。調理の技術でいろいろな料理に変化させるといいと思います。おいしくないと食事も楽しくな

第4章 座談会 野菜の生産がマーケットインの時代になる

いですから、お母さん方にもまずは料理の楽しみも覚えていただいて、楽しい食事にしてほしいです。

岡明 親子料理教室でフリルレタスとパイナップルやバナナなど甘味の強い果物をスムージーにしたのですが、緑色をしたジュースをお子さんたちはごくごく飲んでいましたよ。お母さんが、普段は野菜を食べない子なのに、とびっくりされたほどです。まずは、お菓子作りの材料に混ぜるなど、子どもがよろこんで手を伸ばすことからはじめてみては。

小野 裕美

小野 最近はお母さん方も仕事をされていて、お家で子育てや料理に専念するという方は減ってきているようなので、こちらからレシピを提案するといいですね。料理教室の他には、たとえばショッピングセンターなどで野菜の実演販売をするとか。おいしさや料理方法がわかれば、じゃあ買って帰って作ってみよう、となりますから。

岡明 植物工場で苦味を抑えた野菜を作って、徐々に子どもの味覚を鍛えていくこともできると思います。

小野 そういう子ども向けの野菜を食べる機会を、学校給食での食育と合わせて設けてもらうのもいいですね。小さいときに「野菜はおいしい」という経験をしないと、大きくなってからではなかなか……。

岡明 そうですね。野菜嫌いのまま大人になると、その家庭の食卓には野菜が並ばなくなることにつながりますから、未来の家族の健康も左右します。

森 ぜひ今度、玉レタスの外葉を使った料理教室をしてください。外葉は栄養価が高いと思うんですが、外側は苦いからサラダに使われないんです。それで、通常は外葉は剥いて出荷されるんですが、剥いた外葉は全部廃棄になってしまう。植物工場なら無農薬できれいなのに、もったいないです。そ

れを料理の力で使えるようにしてもらいたいです。

岡明 通常は廃棄になってしまう部分まで食べるのも食育の一つ。これも植物工場野菜のメリットですね！

5　これからの露地農業と植物工場の合唱で食卓を豊かにする

Q. これからの露地農業、そして植物工場の未来は？

小野　日本人は旬をとても大切にします。たけのこやぜんまいなど、その季節にしか食べられない野菜は露地野菜が担うこと。一方で、旬を外しても通年手にしたいものもありますよね。そういう野菜は植物工場で、という棲み分けが起こると思います。

岡明　露地野菜の魅力は、その土地の気候や季節に応じていること。一方で植物工場野菜の魅力には、ニーズに合わせて作ることができること。お互いのいいところを認め合って、双方が繁栄する方向に向かっていけたら。

岡明 理恵

森　ただ、太陽に照らされて野菜が育つ露地農業のイメージはすごく強い。ここに植物工場はなかなか敵わないんです。基本的に、露地であれ植物工場であれ、野菜が育とうとする力をサポートしているだけで、根本は一緒なのですが。

岡明　生産している環境をオープンにすることで、安心できる野菜だとわかってもらえるのでは。「無農薬で安全ですよ」というだけでは伝わらないので、どんなふうに野菜を作っているかという情報を開示することも大切ですね。

小野　無農薬はなんとなく体に良さ

そう、というイメージがありますが、実際にどうやって作られたものかは知らない人が多いですね。情報をガラス張りにするトレーサビリティが今後は重要になってくるのではないでしょうか。

森 たしかに、安全衛生の担保は大切です。どこまでの情報を開示するかという点は慎重にするべきですが、生野菜に対しては消費者の衛生意識も高いですから、種、肥料、誰がどこでつくったかということまですべての情報がトレーサビリティへと発展していくと思います。

小野 安全性に加え、機能性にも注目していきたいですね。最近、時間栄養学で野菜を食事の一番最初に食べることで血糖値の上昇が抑えられるということが証明されたんです。ダイエットにも野菜が大切なことは広がってきていますし、医療費の低減を図ろうとする国の力も大きい。こうしたことが、植物工場野菜のマーケティングと販路の拡大の追い風になると思います。

岡明 今、食への関心が二極化していると思うんです。食にこだわりたい派と、簡単便利に済ませたい派に。こだわり派には宅配でカスタマイズできることを、簡単便利派には洗わずに食べられるというメリットを、それぞれのターゲットに合わせて情報を発信することで、植物工場野菜の魅力が浸透するのではないでしょうか。

森 これからは作り分けが必要になるでしょうね。たとえばレタスでも、ドレッシングで食べるならクセは気にならないので食感がしっかりしていることが大切ですが、塩をかけて食べるなら野菜の味が存在感を示すので、作り込みが必要になります。食べ方によっても野菜の選び方が変わるという、新しい文化をつくっていきたいですね。

第5章
植物工場の基礎知識

1 植物工場の種類

　植物工場は大きく分けて、太陽光を使う「太陽光型」や「太陽光併用型」と、人工光で野菜を育てる「完全人工光型」の2種類があります。

●太陽光型

　ビニール温室やガラス温室に太陽光を取り込み、人工的に気温の制御を行うことで計画的に野菜を生産する方法です。日長の短い冬期などに足りない光を人工光で補う太陽光併用型は、1980年代の植物工場の主流でした。高い電気代を払って野菜をつくるよりは、無料の太陽光を使ったほうがコストを節約できると考えられていたためです。しかし、太陽光型には多くの問題があります。まず、太陽光そのものが不安定ということ。たとえば1月と8月では日中の光の強さがまったく違います。1日の間でも、日の出から日の入りまで光の角度も強度もスペクトルも変わるため、野菜への光の当たり方が安定しません。また、太陽光をとり込むためには熱の問題が常についてまわります。採光するためにはガラス温室のように天井や壁面を透明にする必要がありますが、冬期は室温が下がってしまうため石油ストーブで暖房するので、石油の高騰が野菜の原価に直撃し、価格面での不安定さがあります。さらに照度不足をカバーするために補光用照明が必要になるほか、夏場は夏

場できつい太陽光で温室内の気温がどんどん上昇するため、人工的に空気を冷やさなければいけません。湿度の低いヨーロッパでは、ミストを飛ばし、蒸発する際に熱エネルギーを奪うことで気温を下げるという比較的安価な空調方法がとられています。しかし、湿度の高い日本ではミストがなかなか蒸発しないため、空調機を使うのが一般的です。無料である太陽光を使っても、栽培環境が不安定なうえに、結局は石油代や電気代などのコストもかかってしまうことになります。

また、太陽光を野菜に均一に当てるには栽培スペースを横一面に広げることになるため、土地の狭い日本では効率のよい栽培ができません。トマトやパプリカのように、草丈が高く比較的温度にも強い作物の場合は太陽光型も利用されることもありますが、基本的に平野部の多いヨーロッパなどに適している植物工場です。

●完全人工光型

完全人工光型植物工場は、外部から光が入らないよう閉鎖された空間で、人工光、つまり蛍光灯やLEDなどのランプを用いて野菜を照明します。ランプによって生じた熱は空調機で冷却するため、照明と空調に電気代をかけて野菜を栽培することになります。しかし、光も温度も機械によって管理できるため、野菜の成長スピードが速く、均一で品質の良い野菜づくりを行うことができます。また、栽培ベッドを上に積み重ねることができるので、狭いスペースでも高い収量を確保でき、生産効率が非常に良いのも特徴です。当社では12段に積み上げた多段栽培を行っています。一見、電気代を使う人工光型のほうが野菜1株あたりの原価は高くなるように思えますが、季節や天候による影響を受けず、安定した品質と収量を確保できるため、総合的にみるとコストが安くすみます。さらに、閉鎖されたクリーンな環境でほぼ無菌状態を保つことができるため、虫が侵入せず、無農薬栽培が可能です。このようなメリットから、現在日本の植物工場では完全人工光型が主流になっています。

2 水耕栽培の種類

●循環式水耕栽培

　完全人工光型の植物工場では、主に水耕栽培による野菜生産を行っています。水耕栽培にもいろいろな種類がありますが、主流は循環式の水耕栽培です。いずれも地下または地上に大容量のタンクを設置し、タンク内の水をポンプで汲み上げて野菜に供給し、その後またタンクに戻るという仕組みで、水をぐるぐると循環させて使います。水を節約できるので、水耕栽培の水の消費量は土耕栽培の10分の1程度に節約できます。水に殺菌フィルターを通って循環するので、野菜に供給される水は菌が一定数以下のフレッシュな水になります。また、タンクには肥料を供給する自動追肥装置を設置し、濃度の低下をセンサーがキャッチすると追肥が行われます。長年の勘が必要な土耕栽培に比べユニバーサルデザイン化しやすく、機械操作や野菜に関する一定の知識があれば誰にでも行えるというメリットがあります。

　循環式では、「ミスト耕」「NFT式水耕」「DFT式水耕」の3種類が一般的です。

●ミスト耕

　根に霧状の水分と肥料を吹きかけて供給する方法です。水の量が少なくてすむのでコスト削減になりますが、成長速度が若干落ちます。

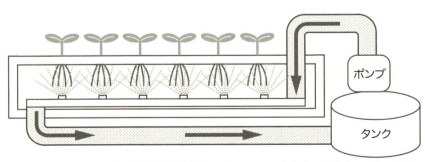

日本養液栽培研究会〈http://www.w-works.jp/youeki/series/04.html〉参照
ミスト耕

●NFT（Nutrient Film Technique）式水耕

薄膜水耕ともいい、水深1cmほどの浅い水に根の先だけを浸す方法です。空気中の酸素が吸収されやすく、水量を節約できるというメリットがあります。しかし、水を循環させるため、栽培ベッドを緩やかに傾斜させて水を流しています。そのため、ベッドを上に積み上げた際に縦のスペースがより多くとられてしまい、空間に無駄が生まれます。また、水の量が少ないため肥料濃度やPHなどの安定性を保つのが難しいというデメリットがあります。

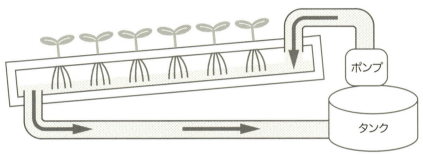

日本養液栽培研究会〈http://www.w-works.jp/youeki/series/04.html〉参照
NFT（Nutrient Film Technique）式水耕

●DFT（Deep Flow Technique）式水耕

湛液式水耕 ともいい、穴を開けた発泡スチロールのパネルに苗をのせ、水を溜めた栽培ベッドに浮かせて、穴から根を水にしっかりと浸して栽培する方法です。ベッドに取り付けたノズルからはフレッシュな水が供給され、一定の水位になれば余った水はタンクに流れ落ちるという仕組みで水が循環しています。また、野菜が水を吸い込んで水位が下がると、それをセンサーがキャッチして信号を送り水が追加されるため、水位が一定に保たれます。水量が多く肥料濃度や水温が安定するため、3種類の中でも主流の方法です。

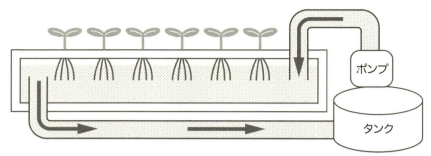

日本養液栽培研究会〈http://www.w-works.jp/youeki/series/04.html〉参照
DFT（Deep Flow Technique）式水耕

3　栽培できる野菜（約100種）

●**栽培に向いている野菜**

　栽培可能かどうか、という技術的な面からいうと、完全人工光型の植物工場ではどんな野菜でも栽培することができます。野菜の成長に必要な光と水と肥料が揃った環境なので、それは当然といえば当然のことです。しかし植物工場は事業ですから、いかに場所のコストを節約して、短期間で多くの野菜を生産するかという採算性が重要です。

　こうした生産効率をふまえ、現在の植物工場で生産している野菜は葉野菜が主です。当社システムではレタスを始めほうれん草、小松菜、三つ葉、春菊、ハーブ類など約100種以上を栽培できます。日本でよく目にする野菜だけでなく、日本の気候では栽培の難しかった北欧の野菜なども栽培することができるので、イタリアンやフレンチレストランで本場の野菜を使った料理を楽しめるようになるかもしれません。また、同じ野菜でも小型化して生産することができます。一人暮らしや高齢者に向けた食べきりサイズ野菜として供給できるだけでなく、小さくてかわいらしい野菜なら、野菜嫌いな子どもへのアプローチにもなるでしょう。

　ただし、電気代を節約するために蛍光灯やLEDの本数を減らすなどして照

第5章 植物工場の基礎知識

イタリアンパセリ　　バジル　　ラディッシュ

レッドマスタード　　玉レタス　　ほうれん草

森久エンジニアリングの植物工場でできる、さまざまな野菜

度を下げると、強い光を必要とする夏野菜は成長しにくく、栽培できる種類も減ってしまうため、十分な照度を確保することは非常に大事な要素です。

●栽培に向かない野菜

　場所をとる大きな野菜や栽培期間が長い野菜は向きません。栽培にコストがかかるわりに収量が見込めないからです。たとえば、根菜は縦にスペースをとるため、全体に生産性が良くありません。さらに皮をむいて食べる野菜なので、農薬がかかっていても問題なく、植物工場で無農薬栽培するメリットはあまりありません。特に大根のような大きな野菜は栽培スペースを非常に多くとりますし、収穫後は日持ちもするので露地栽培で充足しています。

　また、トマトのように草丈の高い野菜も植物工場栽培には適しません。強い光を要求する野菜のため電気代がかさむうえ、栽培ベッドを積み上げる段数が減ってしまい収益性が悪くなります。

　しかし、先ほども述べたように、小型化できる野菜であれば土地生産性が良好で採算性が良くなるため、栽培が可能になります。根野菜は栽培に向きませんが、ミニ大根やミニ人参なら植物工場から流通させられる可能性は大いにあります。

4　露地栽培野菜との違い

●重要なのはコスト意識

　植物工場野菜と露地野菜との違いはたくさんあります。生菌数が少ないこと、虫が侵入しないために無農薬栽培が可能であること、天候に左右されないこと、環境を自由に変えられることなど。しかし生産者にとっての最も大きな違いは、投入するエネルギーに対するコスト感覚です。電気代をコンスタントに払い続けて野菜を栽培しているわけですから、毎時毎秒お金を払っているというコスト意識をもって栽培することが大切です。

　このコスト意識は、無料の太陽光を使っている露地栽培ではそれほど重視されません。電気代がかかりませんし、収穫が年に一度か二度に限られているので、多少日数が延びてもコスト面にそれほど大きな支障はないのです。ところが植物工場の場合、たとえば1日1万株を出荷する工場であれば、収穫の日数が1日延びたり1株あたりにかけるコストが少しでも増えれば、1年間に換算するとかなりの差が生まれます。コストがかかっているので、利益が出なければ赤字になります。植物工場は農家の経験は必要ありませんが、利益を出さなければいけないというプレッシャーを抱えながら運営していくビジネスなのです。

●コストから見る収穫適期

　コスト意識は、収穫時期にも関わってきます。露地栽培では、味が落ちない範囲で野菜をできるだけ大きくして収穫しようとします。一方で、植物工場は収穫適期をサイズではなく栽培コストから判断します。

　露地栽培野菜の場合、価格は相場で決まります。豊作なら価格は下がりますし、不作なら価格は上がります。これに対して植物工場の農業は、原価積み上げ式のモノづくりなので、種代、水道代、電気代、人件費などの総原価に必要な利益をのせたものが売価となります。価格を抑えて利益を出すためには、コストを圧縮するしかありません。ランニングコストと成長効率をにらみながら、収穫時期を見極める必要があるのです。

野菜の成長曲線を見てみましょう。

ある一定の日数までは急成長し、それ以降は曲線が緩やかになります。つまり、一定日数を超えると、それ以上時間をかけてもあまり重量が増えなくなるということです。照明や空調の時間が伸びれば伸びるほど、電気代はかかってしまいます。それに見合うだけの成長があれば価格に反映させることができ、コストを回収できますが、投入したエネルギーに対して成長速度が伸びないと、コストばかりがかかってしまい価格は上げられません。そこで植物工場では、この曲線が緩やかになる手前を収穫適期＝最も効率よく電気のエネルギーを使うことができているポイントとしています。

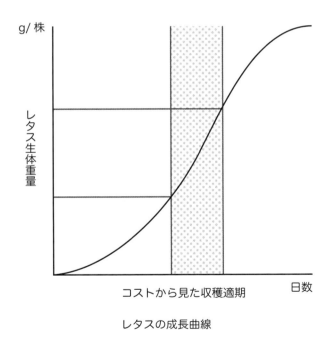

レタスの成長曲線

5　肥料の管理について

●露地栽培の施肥

　野菜に必要な肥料の成分は、主として窒素、リン酸、カリウムです。これ以外にもカルシウム、酸素、水素、マグネシウム、鉄、マンガンなどの肥料がごく微量必要になり、一つでも欠けるとスムーズに成長しません。しかし土の中の肥料成分は目に見えないため、露地栽培の場合は、施肥は非常に難しい作業です。たとえば、ほうれん草やレタスなどの葉野菜は、鉄分が不足すると葉が黄色く変色します。肥料が切れてから追肥をしても遅いので、ベテランの農家の方はその予兆をつかんで鉄分を補充します。ところが経験の少ない若手農家の場合、葉が黄色くなって初めて鉄分不足に気づき、ワンテンポ遅れて追肥をします。しかし追肥をしたからといってすぐに効果が現れるわけではありませんし、かといって追肥の効果が効いてくるまで待っているとほうれん草は花が咲いてしまいます。そんな理由で、葉が黄色い状態で収穫しなければいけなくなることもありますが、これでは売れません。逆に、追肥のしすぎで塩類集積が起こり、土地が汚染されるという問題もあります。また、成長が遅い場合も追肥をすることがありますが、成長の速度だけを見るのではなく、気温や天候も総合的に判断したうえで、追肥をするかどうかの判断をしなければなりません。

　このように、露地栽培の場合は間違った施肥が野菜の品質の低下や土地のやせ・汚染を招いてしまうため、長年の経験に裏打ちされた農家の方の鋭い勘が必要不可欠です。

●植物工場の施肥

　植物工場では、肥料を最初に正しく設定しておけばあとは機械が自動で追肥をしてくれます。溶液中の肥料濃度を電気の通りやすさで示すEC（Electric Conductivity、電気伝導度）で測定し、EC値が設定値を下回ると自動追肥装置が働いて肥料を供給、設定値に達すると自動で供給がストップします。これらはすべてプログラム化されており、窒素やリン酸、カリウムなどそれぞ

れの成分比率もパターン化されているため、窒素は何パーセントでカリウムが何パーセントで、というように個別に肥料を配合する必要はありません。ほうれん草のように鉄分を多く吸収するような野菜の場合は、通常の肥料パターンに加えて鉄分を補給する、という微調整を行います。

　また、野菜には「チップバーン」という生理障害が起こることがあります。これは、葉の先が焼けたように茶色く変色し、壊死してしまうもので、カルシウム不足が原因で起こります。成長速度が早くなりすぎて、カルシウムを十分に吸収できないまま葉が大きくなってしまうのです。露地栽培の場合、カルシウムを追肥することでその都度対策を行いますが、植物工場の場合は、光や温度EC値を調整し、成長速度を緩めることで発生を抑制することができます。さらに、チップバーンを成長のスピードメーターとしてうまく利用し効率的な生産につなげることもできます。最初に成長速度をいっぱいに上げてチップバーンを意図的に発生させます。その後、症状が出なくなるまで成長速度を落としていき、チップバーンが出なくなるぎりぎりのラインを見極めることで、最適な栽培速度を求めるのです。工場の立地によって水質が異なり、チップバーンの発生条件も若干違うため、温度と光の最適値を工場ごとに設定する必要がありますが、最初の設定さえ正しく行えば、以降は人為的なミスなどがない限りはチップバーンが大量に発生する心配はありません。

　前述したように、植物工場では施肥をすべて機械で管理してしまうため、野菜が必要とする肥料を安定した濃度で供給することができ、野菜が栄養不足で育たないということはほとんどありません。安定した環境を整えることができるからこそ、野菜を同じ日数で一定重量まで均一に育てることができますし、またそこから消費者に合わせてどんな野菜に作り込んでいくかという設計もできます。効率的に生産できる光と温度の設定値を見極めることも、栽培環境が安定しているからこそできることです。

第6章 植物工場のコストと運用

1 イニシャルコスト

●**建設前**

　工場の建設前は立地の選定が非常に大切で、これがイニシャルコストやランニングコストにも直接関わってきます。立地選定のポイントはいくつかあります。

　一つ目に、物流です。市場との距離になります。都心に近づけば土地代は高くなりますが、物流費は安くなります。また、地方に行けば土地代は安くなりますが、東京や大阪などの大消費地からは遠ざかるため、物流費が高くなります。また、土地の安い地方に工場を作っても、コールドチェーンのネットワークから外れている場所では野菜を温度管理して届けることができず、生菌数が少ないという植物工場野菜のメリットの一つが失われてしまいます。

　二つ目は、電気代です。電力会社によって単価が異なるため、どの電力会社圏内に建設するかでその後のランニングコストが大きく変わります。たとえば、北陸電力の単価は安く、逆に沖縄などでは原子力発電所がないため、夜間電力などの安い電力時間帯がありません。電気代はランニングコストのなかでも大きなウエイトを占める部分ですから、事前にしっかり調査してお

第6章　植物工場のコストと運用

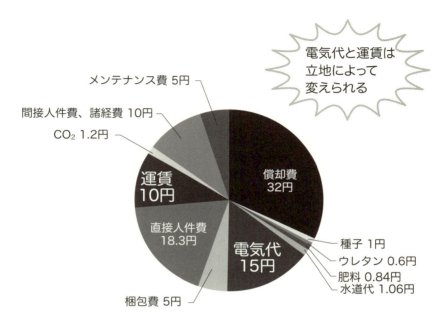

原価100円レタスのコスト構成例
（100g/株レタスを1日当たり1800株生産する工場の場合）

くことが大切です。

　そして三つ目に重要なのがマーケティング。どれくらいの品質の野菜をいくらでいくつ買ってくれるのか、その目処を立てなければ工場の規模を決定することはできません。当社では、プラントを建設する前に小型の実証機を購入してもらい、実際に野菜をつくることを奨めています。できたサンプルを、目星をつけた土地のスーパーや外食産業に持って行き、評価をもらうのです。マーケティングの参考にもなりますし、植物工場の運営が未経験の方にとっては実際に自分でつくる経験ができ、「本当に野菜がつくれるのか」「つくった野菜が売れるのか」という不安を払拭できます。

　また、水質によって野菜の出来が変わるため、水質検査を行うことも必要です。

● 設備費

　露地栽培とは違い、植物工場は設備産業です。土地や建物、照明、空調、水耕栽培の管理、水の量を含めた設備全般がイニシャルコストとして必要になり、野菜の品質や収量、栽培日数はすべて設備の性能で決まります。そのため、どれくらいの品質・規模で野菜をつくるかということがイニシャルコストに直結します。

　照明の数量を減らしたり、水の量を減らしたりすれば、イニシャルコストは簡単に落とすことができます。しかし、照度を落とすと成長速度が低下し、水量を減らすと生育の安定性が低下します。ですから、どのレベルの野菜を提供するのか、ということが非常に重要なのです。とはいえ、照度が高ければ高いほど成長速度が上がるというわけではありません。野菜が必要とする光には上限値があり、それ以上照度を上げても成長速度は早まりません。これを光飽和点といいます。ですから、光飽和点ぎりぎりの照度で照明できるよう設計すると、最少の照明で、最も早い成長速度を得ることができ

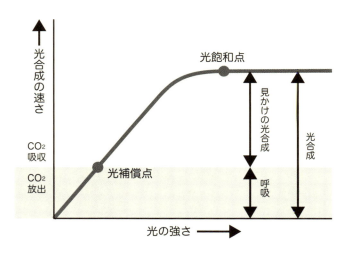

光飽和点を超えるとそれ以上光合成の速さ（生長の速度）は変わらない

第6章　植物工場のコストと運用

ます。このポイントを見極めることで、工場の性能をフルに生かした効率の良い栽培を行うことができます。

●**プラント建設**

　地方に工場を建設するなら、物流費が高くなるのである程度の大工場を建設して大ロットを扱わないと収益性に乏しくなります。かといって、建物ばかりが過剰になって、予算のほとんどが建築に費やされて中の設備が削られてしまい、野菜の品質が落ちるようでは本末転倒です。主役は野菜ですから、まずは野菜がしっかりと育つ環境を作ることが大前提です。その後に、立地、工場の規模、つくる野菜の品質と数、電気代など、あらゆるコスト要因をトータルして工場の規模を判断する必要があります。

　工場建設には億単位の費用がかかりますが、農林水産省や経済産業省が積極的に植物工場を推進しているため、補助金を活用することができます。

2　ランニングコスト

●**電気代をコントロールする**

　主なランニングコストは、電気代、水代、種代、人件費、設備償却費などがあげられます。なかでも特に高いのが電気代で、当社システムの場合で原価の13〜14％ですが、一般の植物工場では30〜50％と原価のおよそ半分近くが電気代というケースもあります。設備によりどうしてこんなに大きな電気消費量の差が生まれるのでしょうか？　それは照明設計に大きくかかわる技術上の問題が大きく占めると思われます。

　森久エンジニアリングが電気消費量を抑えるために考えだした「放物面反射板」はその代表例ですが、適切な照明は野菜の品質を向上させるだけではなく、照明時間の短縮化を図ることを可能にします。それにより深夜電力などの電力単価の安い時間帯を活用できるため大きくコストダウンできるのです。

● 電力をいつ使うか

　植物工場は、設備産業です。一定の数を一定品質で生産していく必要があり、その規模をどんどん大型化していくことでもっとコストを下げることができます。しかし、電気を使いながら野菜を生産していくので、使った電力をはるかに上回る売り上げがなければ採算が合いません。利益を上げるためには、電気代を下げる工夫も必要になります。

　野菜の生育には、2万5000ルクスという強烈な光が必要です。これをミニマムな照明で確保するには、先に述べた反射板が真っ先にあげられますが、これ以外にも電気代を下げる工夫はあります。

　たとえば関西電力では、24時間のうち22時から翌8時までの10時間が深夜電力料金になっています。一方で、10時から17時の7時間は重負荷時間といい、最も高い電気料金がかかります。仮に深夜が1kWhあたり13円とすると、重負荷時間は22円ほどするので、その差はおよそ1.6倍以上。残りの7時間は昼間電力帯で、17円くらいです。この3つの時間帯のうち、どこを使えば一番コストを下げられるかというと、当然深夜電力です。電力会社としても、大電力を使う工場が重負荷時間帯に稼働するより、深夜に使ってもらうほうが都合がいいのです。

● 深夜電力の活用

　当社は電力単価の安い深夜の余剰電力を使っています。先ほども述べたように、光飽和点ぎりぎりに照度を設計することが最も効率的な野菜生産につながります。

　「野菜に必要なエネルギー＝光強度×照明時間」

　電気代のほどんどが野菜の照明にかかっているので、電気代を抑えるために光飽和点よりもいくらか照度を下げて照明を設計している工場もあります。しかし、野菜が必要とする光の量は、おおむね照度と照明時間の積に等しいので、照度を落とせば照明時間をそのぶん延ばさなければならなくなり、効率が低下してしまいます。光飽和点ぎりぎりの照度で設計した場合

電力量料金の一例　深夜と重負荷時間帯では、料金の差が1.6倍以上になる

は、1日に必要な照明時間は10〜12時間で十分な成長が期待でき、ほとんどを単価の安い深夜電力でまかなうことができます。ところが照明時間を延長すると、深夜電力だけで照明することができないため、電力単価が高くなり、結果的に電気代も割高になってしまいます。さらに、両者の味を比べてみると、10〜12時間照明のほうが生き生きとして食感が良いのに対し、長時間照明した場合は徒長し（ひょろひょろに育つこと）、味も水っぽく日持ちがしない野菜になることが確認されています。ですから、深夜電力を上手に使うことがランニングコストを下げるポイントとなってきます。

● **人件費**

　残るコストのなかで大きなウエイトを占めるものが人件費です。野菜の温度や光は機械が管理してくれますが、播種や植え替えは人の手でしなければなりません。播種から収穫までの間におよそ2〜4回の植え替えを行っていますが、特に1日1万株、2万株を収穫する大工場での植え替え作業には手間がかかります。なぜ植え替えが必要かというと、苗が成長するにつれ発泡スチロールのパネルの上で葉が密集して干渉し合い、光が均一に当たらなく

なるからです。最初から広い場所に植えておけば植え替える必要はありませんが、苗が小さい時期の栽培スペースの無駄が大きく採算が合わなくなってしまいます。植え替え回数を増やせば増やすほどスペースは有効に活用できまが、そのぶん人件費はかかってしまうので、スペースと人件費のバランスを考える必要があります。

●**その他のランニングコスト**

　梱包材や物流費、肥料代、水代などがコストとしてかかりますが、水や肥料はどちらも循環させているため、原価の1％程度のコストしかかかりません。ただ、水質の良し悪しはコストに直結します。日本の場合は水道水が非常に良質なのでそれほど大きな問題はありません。問題は、海外にプラントを建設する場合です。海外では水質が悪いことが多く、本来あるべきではない成分が水の中に多量に含まれていることがあります。たとえば鉄分です。栄養が足りないなら肥料で調整できますが、余計なものが入っている場合は引き算をしなければいけません。つまり、フィルターを通して除去する必要があります。当然そのぶんコスト高になるため、採算が合いにくくなります。水質でランニングコストが変わる、ということはしっかりと頭に入れておいたほうがいいでしょう。

3　オポチュニティコスト

●**機会損失を防ぐためにやるべきこと**

　植物工場のもう一つのコストにオポチュニティコストがあります。工場経営者は、イニシャルコストやランニングコストを落とすことには気をつかいますが、その他にも気づいていないことがあります。植物工場では、機械をマニュアル通りに正しく操作しないと性能を発揮してくれません。そして、機械が動かなければ野菜を育てることもできません。そのため、まずは人が機械に慣れ、操作を覚えることが必要なのですが、工場ができて稼働する段になってから機械の取り扱いについて勉強を始めたり、テストランをしてい

ては、その期間は野菜を生産することができなくなります。また、ようやくできあがった野菜も、品質が未熟であれば売ることができません。その間、電気代や水道代ばかりがかかってしまい、人が一定のレベルに達するまで売り上げがゼロになってしまいます。これが機会損失（＝オポチュニティコスト）で、工場の損益に直接関わります。

　照明や温度は機械で管理するのでまったく同じ環境をどこでも再現することができますが、実は、水は地域によって異なるので、同じ栽培期間を費やして収穫しても野菜の重量が異なる場合があります。マニュアル通りにできるというわけではないので、この点は工場ができてからのチューニングに一定期間を要します。水質の違いが野菜にどう作用するのかは実際に栽培してみなければわかりませんが、チューニングが長引くほどオポチュニティコストがかかるので、できる限り早く売り上げが上がるように、機械の扱い方やモニターの見方などは事前に習得しておくことが大切です。

　また、人為的なミスによる機会損失もあります。たとえば受注ミスをして、生産能力以上の数を受けてしまい欠品になってしまった場合などです。実はこれまで、エクセルの表でそれぞれの野菜の栽培日数を計算しながら受注をしていたので、作業が非常に煩雑でした。しかし現在、工場の生産状況と連動した受発注システムが確立されつつあります。人の意識向上も含め、システムが普及することで今後はこうした人為的なミスは減っていくと思います。

●工業の目から農業を知ることも大事

　植物工場を事業として行うには、機械の操作に関する知識だけでなく、露地野菜についての知識も同時に必要です。実際に工場を建設して野菜の販売を始めると、必ず露地野菜と比較されます。たとえばスーパーの場合、旬の季節には安くて品質の良い露地野菜がどんどん入荷されます。そのなかで、植物工場のレタスはバイヤーの目にどのように映るでしょうか。品質的に差がなければ、高い、ということになります。逆に、露地野菜が不作で価格が高騰していれば、植物工場野菜は安いということになります。単純に価格だ

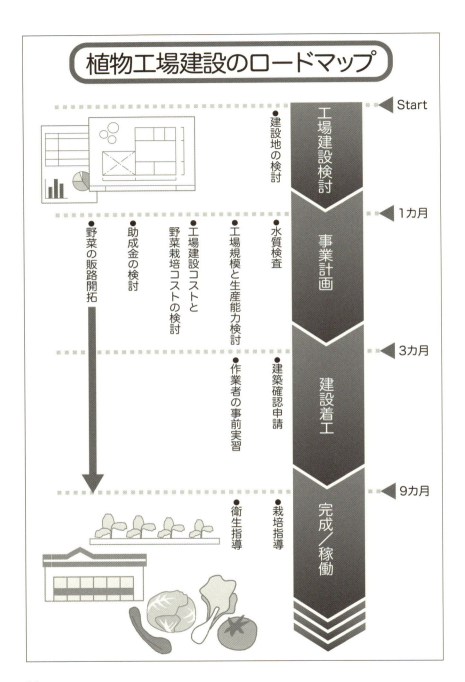

けで判断されてしまう場合がほとんどです。ですから、標準的な品質の野菜を植物工場で生産する場合は、露地野菜の市場がどういう状況にあるかを絶えず調査しておく必要があります。そのうえで、レタスが旬の時期には別の野菜をつくったり、不作時には価格の高騰で困っている外食産業へ供給を行ったりと、臨機応変な対応が求められます。柔軟で素早い判断は、マーケットを含め農業全体を知っておかないとできません。

4　安心・安全・安定と衛生管理について

●植物工場の衛生管理

　植物工場は菌の少ないクリーンな環境で野菜を育てているため、農薬を使わずに安心・安全な野菜を安定した品質でつくることができます。窓がなく温度管理もされているため、菌が侵入しにくく、侵入したとしても繁殖しにくい環境になっています。しかし、菌は虫や人にくっついて外部から持ち込まれる危険性があります。ひとたび菌が入り込めば、野菜の病気や腐敗の原因となったり、異物混入というトラブルになりかねません。ですから植物工場では、菌の侵入を防ぐために何重にも対策をとっています。

　人の衣類や髪の毛に付着した菌の侵入も要注意です。防止するためには、栽培室に入室する前に手の洗浄をすることはもちろん、白衣を着る順番を守り、ローラーで細かなゴミを除去すること、微酸性電解水のミストを浴びてカビなどを殺菌することも欠かせません。

　また、従業員の意識の向上も大切です。ノロウイルスやO157など、食中毒を招く菌が入り込んでしまうと、食品を扱う植物工場にとってのダメージは甚大です。定期的に検便を行い、たとえば37.5℃以上の発熱時には出勤停止にする、体調が悪いときは出荷や収穫に関わらない仕事をするなどの対策は必須でしょう。菌に対する正しい知識をもつための研修を定期的に行い、一人ひとりの衛生意識を高く維持できるように努力することが菌の侵入を防ぎます。

●設備面から防ぐ菌の侵入

　建物の設備もまた、異物の侵入を抑える構造にしておくべきです。これはイニシャルコストにも関わることですが、窓の数を減らす、扉の隙間をなくす、栽培室に前室を設ける、などの対策をしっかりとっておく必要があります。また、病原菌への抵抗性をもつ強い種子を選択することも大切ですし、搬入する資材の殺菌も必要に応じて行います。

　万一虫が侵入してしまった場合にも、廊下など、栽培室の手前のスペースで捕らえられるように紫外線ランプを設置します。それでも栽培室に虫が侵入してしまったら、葉の間に虫が落ちて異物混入になることもありますし、虫が菌を運ぶ恐れもあります。被害を最小限に抑えるには、養液の汚染が拡大しないように、タンク内に殺菌フィルターを通して菌の繁殖を防ぎます。また、養液系統をいくつかに分割し、菌が繁殖してしまった場合でも1系統だけで被害が収まるように対策をしておきます。

　まずは虫や菌を侵入させない構造にする、侵入した場合でも農薬を使わず補虫し繁殖させない設備を整える、感染してしまったら被害を拡大させないような防止策をとっておく、と何重にもブロックをかけておくことが大切です。

　何重にも対策を行っていても、菌による病気が発生するリスクがゼロというわけではありませんが、建物と人の意識とによって、高い衛生レベルが保たれているのが植物工場です。虫や菌の飛び回る環境で栽培する露地と比べれば、そのリスクがかなり低く維持することができています。

5　野菜の病気と対策

●野菜の病気は重大トラブルにつながる

　病気への対処法は症状によって異なります。たとえばカビの場合、下葉付近にカビがたくさん生えてきて、そのうち葉が枯れることもありますし、もっとひどくなると葉が腐って悪臭を放つ場合もあります。初期症状ならそ

の株だけを取り除けばいいのですが、放っておくと周りに感染してしまいます。そうなれば、ベッドの株をすべて廃棄して殺菌しなければいけません。また、地下茎の病気であれば養液を通して他の株に感染するため、水を完全に撤去し、工場ごと殺菌するような重大トラブルに見舞われる恐れもあります。

● **変化に気づける目利きの力**

　野菜の病気は、人間の風邪と一緒です。最初の症状が出始めたときに素早く対処すれば、悪化を食い止めることができます。異常が見られたら何が悪いのか原因を探り、すぐに対策を行うことが大切です。野菜は言葉を発しませんが、葉っぱの色や形状、根の色や長さを変化させることでメッセージを出しています。生産者は日々、野菜からのメッセージを見逃さずにキャッチしなければなりません。葉が腐ってから気づいては遅いのです。

　野菜の病気を防止するためには、マニュアルに従うだけでなく、日々の栽培のなかで野菜の変化に気づける目利きも必要で、そのためのトレーニングは欠かせません。初期の段階で症状に気づけるよう、プロ意識をもって野菜と接することができる人が工場内に多いほど、経営はうまく進んでいくでしょう。

ジャスナ農園で作られたみずみずしいレタス

第7章 適切な種子の選択から始まる科学農業

1 使える種・使えない種

● 露地農業とは違う種の選びかたと扱い

　植物工場というと、種を撒いておけばあとは機械が自動で育てて収穫までしてくれるような、完全オートメーション化された設備をイメージされることがあります。しかし実際はそうではなく、野菜がいきいきと育つ環境を作るためには、露地栽培と同様に人間が手間ひまかけることも必要です。なかでも、種の取り扱いは特に人の手をかけ、丁寧に行う必要があります。

　実は、植物工場で使える種は全体の10％以下です。ほとんどが栽培の過程で腐ったり成長が止まったりしてしまいます。その理由は、種がもともと露地栽培の野菜から採取したものが多いからで、これを植物工場で使うとなると、いくつかの問題が出てきます。

　まず一つ目に、菌の問題があります。見た目には小さくてかわいらしい種ですが、その表面には菌がたくさん付着しています。そんな雑菌だらけの種を水に入れれば、種に付着した菌が一気に繁殖してしまい、水が汚染されてしまいます。ですから、種を使う前はまず殺菌をする必要があります。

　田畑では殺菌しなくてもちゃんと成長するではないか、と思われるかもしれませんが、露地の場合、土の中にはすでに無数の菌が存在して、それらが

相互に作用してうまくバランスをとっています。そこに種を撒いても、菌がむやみに繁殖する心配はありません。

　ところが植物工場は、土や太陽、肥料濃度など、露地栽培では目に見えない環境の作用をすべて可視化するために、菌が少ない状態で栽培します。菌の働きは機械で管理することができないからです。菌がゼロの清潔な植物工場の水に殺菌していない種を入れると、外敵のない菌は好きなように繁殖してしまいます。その結果、野菜が病気になりやすくなるのです。ここが露地栽培とは違うところです。しかしこの違いを理解していないために種の扱いを露地栽培と同じように考えてしまい、失敗したケースをよく耳にします。

> 　種の殺菌は、約60℃の温度をかけて殺菌する温熱殺菌が一般的です。60℃なら有害な菌だけが死滅し、タンパク質など必要な成分は壊れずに生き残ります。もっと手軽な方法としては、微酸性電解水を使った殺菌方法があります。これは歯医者でも口内の殺菌に使われているものです。いずれにしても人体に悪影響を及ぼすものではないので、安心です。

● **安定供給される強い種が必要**

　種を安定的に仕入れることができるかどうかも重要なポイントです。露地では、栽培する土地や気候の特徴を生かした野菜をつくっており、種もまた、その土地に適したものが開発されています。一年中同じ環境を維持し、1日1万株を栽培する植物工場では同じ種が大量に必要になり、小ロットでは対応しきれません。一定量をしかも毎年、変わらず安定して供給される種でなければ、植物工場野菜も安定供給することができないのです。

　それでも、種苗メーカーは無数にあり種類もとても多いので、植物工場に合う種もたくさんあるのではないかと思えます。たしかに、植物工場での栽

培が始まってすでに三十年以上が経ち、その経験のなかで使える種の区別がある程度はできるようになってきました。しかし新たに栽培品種を増やそうとすると、必ず種の問題が出てきます。種を発芽させ、育てる過程でこれは使える、これは使えないと一つひとつ手仕事で仕分けをして、植物工場に向いた種を探すところから始めるのです。

　そしてもう一つ、種に求められる要素が「強さ」です。種を殺菌してうまく芽が出たとしても、それらがすべて販売できる野菜になるとは限りません。植物工場は電気代をかけて栽培するので、収益を上げる必要があります。そのために、一定期間に一定重量に到達できるよう、成長を加速させて栽培をします。ところがひ弱な苗では高速栽培に耐えられず、生理障害を起こしてしまいます。ある程度光合成のスピードを加速させても生き生きと成長できる、体力をもった種が必要です。

　播種（種撒き）は25ミリ角のスポンジの真ん中にのせていきます。1日1万株の種を一つひとつ手でのせていくのは大変なので、一気に300個ほどの種を撒くことができる専用のトレイを使うのですが、このトレイを使うには、種の形が一定でなければいけません。しかし畑で採れた直後の「生種」は、たとえばほうれん草ならイガイガしていて、レタスなら三日月型をしていて、そのままでは使うことができません。そのため、加工した種を使うの

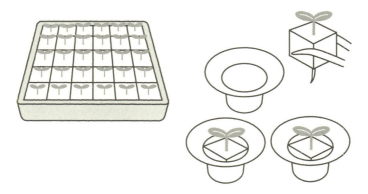

播種トレーで発芽させ、間引きながらウレタンスポンジをセルに移す

が一般的ですが、ロットが少ないとメーカーもなかなか加工に対応してくれないという問題もあり、今後の課題となっています。

このように、植物工場の野菜栽培は、安定した強い種を適切に選ぶことから始まります。おいしくて安心・安全な野菜をつくるためには、どうしても人間の手による労力が必要なのです。

2 肥沃な土地と同じ養分の養液が育む

●肥沃な土地とは

同じ土地で同じ作物の栽培を続けると、土壌の養分が不足したり、肥料の与えすぎで土壌が変質したり、土の中の微生物のバランスが崩れ悪玉菌が繁殖したり、野菜の生育に適さない土地になってしまいます。これを「連作障害」といいます。それ以外にも無機肥料を多量に使い続けることで土地が汚染されます。こうして土地が悪くなってしまうことが、生産性を下げる一番の要因になっています。

土壌の質が悪くなるのを防ぐために、休耕したり、毎年ローテーションで植える畑を変える輪作を行ったり、違う種類の作物を栽培する工夫をしたり、田んぼを畑に転換したりと、農家はさまざまな工夫を行っています。しかしながら、土地のメンテナンスをしながら、その地の気候風土の変動に応じて野菜を栽培することは大変な労力が必要です。さらに有機栽培なら、農林水産省の「有機農産物の日本農林規格」によって、農薬と化学肥料を3年以上使用しない田畑であることが条件として定められており、通常の栽培以上に土づくりに神経を使っています。

並々ならぬ努力によって維持された肥沃な土地。ここではたしかに品質の良い、おいしい野菜ができます。しかし、そもそも「肥沃な土地」とはなんでしょうか。日当りがよく水はけがよく、栄養分が多い土地のことでしょうか。その条件は、栽培する野菜によって変わります。その野菜にとって良好な生育環境であれば、それは肥沃な土地です。日本全国で「肥沃な土地」といわれる農地はたくさんありますが、それらの環境はすべて同じ条件という

わけではなく、そこで育てる野菜にとってベストコンディションを保っているということに他なりません。

● **植物工場の養液は「肥沃な土地」**

肥沃な土地が野菜の好む環境を叶える土地であるなら、光も水も肥料も、すべてを野菜がスムーズに生育できる環境にコントロールできる植物工場はまさに、肥沃な土地ということができます。しかも、一年中安定した肥沃な土地です。不作ということがありません。

もっといえば、植物工場の肥沃な土地は、露地農業の肥沃な土地とは決定的な違いがあります。露地農業では、特定の野菜を良好に育てるための環境を指しますが、植物工場では、消費者のニーズに合わせた野菜を育てるための環境です。消費者のニーズが変われば育てる野菜が変わるので、肥沃な土地の定義も変わります。植物工場では、最初に消費者のニーズを把握したうえでどんな野菜を育てるかということを決め、その野菜にとってはどんな環境が肥沃なのかを理解したうえで環境を設定することが大切です。露地野菜から一歩踏み込んだマーケティングが可能なので、露地野菜との差別化ができ、植物工場野菜の価値が高まります。

3 温度の安定が野菜の成長と味に与える影響

● **野菜と気温の関係**

レタスは冷涼野菜といって、20〜23℃くらいのやや低い温度帯で栽培するといいものができます。気温が低いと成長速度は若干落ちてしまいますが、しっかりとした味わいの野菜ができます。そのため、長野県の高原地帯で育った玉レタスなどはおいしいと人気があります。

逆に温度が上がると成長は速くなり、重みも増しますが、そのかわりたくさんの水を吸い上げるので、水っぽくてあっさりとした味になります。また、長雨が続いても水っぽくなり、日照りが続くと味が濃く苦くなります。夏場の野菜は苦味があるものが多いのはそのためです。

さらに温度が25℃を超すと、高温障害が起きてしまいます。茎ばかりがどんどん伸びてしまう「徒長」や「節間伸長(かんしんちょう)(せつ)」になり、形も味も悪くなるため市場では評価されません。逆に、冷夏のせいで出来が悪くなることもあります。たとえば、低温や日照不足が続いたために成長速度が伸びず、出荷する時期がきてもまだ一定重量に到達していないなどの生長障害があげられます。

徒長した野菜

こうした温度変化による野菜への影響はレタスに限らず、すべての野菜にいえることです。農家は、暑さから野菜を守るために寒冷紗[*12]で覆うなど気温に応じて対策を行いますが、気候そのものを変えることはできないため、限界があります。ですから、同じ種を同じ季節に栽培しても、毎年同じ品質の野菜ができるとは限りません。

適正な気温が安定して続き、日当りも良いと安定した品質の野菜ができます。植物工場はこの特性を利用した栽培システムです。一定の温度、一定の光を安定して与え続けることができるので、常に豊作年の味、形、栄養価の高い品質で野菜を生産できます。また収量も一定なので、安定した価格を実現できます。

● いい野菜の定義

野菜がおいしいかどうかを決めるのは野菜を食べる人です。味の濃い野菜を好む人もいれば、野菜特有の香りを嫌う人もいます。おいしさの指標は人それぞれ。また、野菜を調理したり販売したりする人にとっても、「いい野菜」の定義は異なります。たとえば、スーパーからみたいい野菜は、形状が整っていて色味が良く、鮮度が良い野菜です。陳列したときにきれいでおい

[*12] 麻や綿、ナイロンなどを荒く織った布で、寒さよけ・日よけとして用いられる。

しそうに見えることが評価のポイントなのです。一方で外食産業からみると、見た目よりも重量が重くて一度に大量にさばけるほうが作業がラクになるため喜ばれます。日持ちが良いことも重要です。さらに病院の食材としてみた場合は、生菌数が少なく、栄養価に優れていることが重視されます。

こうして少しあげただけでも「いい野菜」の切り口はたくさんあります。しかし、露地栽培ではその土地、その気候で育った野菜がすべてですから、消費者は否が応でもそのなかから好みの野菜を選択することになります。ですから自然と、「いい野菜」とはその年の気候が良かった野菜、または生産者が気候に合わせて工夫を重ねた野菜であり、食べる人、調理する人、販売する人の感想は後からついてくるものになります。

植物工場では逆に、環境を自由にコントロールできるため、消費者の求める野菜を栽培することが可能です。見た目をきれいにすることも、重さを増すことも、特定の栄養価を高めることも、みずみずしくてあっさりとした味や、濃くてしっかりとした味に微調整することもできます。一人ひとりに合わせた「いい野菜」をつくることができるのです。

「環境をコントロールする」というと、自然の摂理に反する不健全な手法というイメージがあります。人工の産物は良くない、という固定観念があるためでしょう。しかし人工とはいっても、化学薬品を配合して作り上げるわけではなく、野菜の特性を最大限に引き出すためにアシストするだけの機能です。あくまで主役は野菜。野菜にとって最適な水、最適な光、最適な肥料を作る。植物工場も、原点は露地栽培と同じなのです。

4　気候変動に左右されない出荷時期で安定供給が可能に

●植物工場野菜は常旬野菜

旬の野菜は栄養価が高く味も良いため、とても喜ばれます。たとえばレタスは夏場の高原でつくると良い品質になります。季節の移り変わりのなかで、レタスにとってその自然環境が一番いいコンディションなので、最高の状態で育つことができるのです。ですが、露地栽培ではそれが一年中続くわ

けではありません。季節のうつろいとともに環境は野菜にとってベストではなくなり、それにともなって野菜の生育も旬ほどの勢いがなくなります。その結果、栄養価やおいしさも落ちてきます。たとえば、旬のほうれん草とそうではない時期のほうれん草の鉄分含有量は倍ほども違います。ほうれん草は一年中販売されているため、いつ食べても鉄分を摂取するのに良い食材と思われがちですが、旬を外れたほうれん草を食べても、期待する量の半分ほどの鉄分しか摂れないことになります。そして皮肉なことに、おいしくて栄養価も高い旬野菜は価格が安く、旬から外れて栄養価も味も落ちた野菜は倍以上も高値で売られています。

このように、露地野菜でも天候や気候の変動にかかわらず一年中流通している野菜もありますが、野菜自体の質や出荷量はどうしても環境に左右されてしまい、それが市場に不安定要素を与えています。

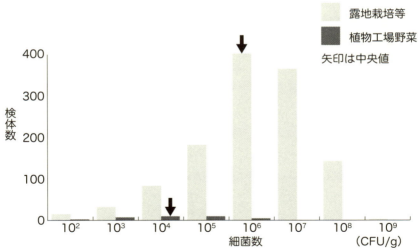

上原さとみ他「市販生鮮青果物の衛生細菌学的調査成績」
『東京都健康安全研究センター研究年報』第62号(2011)
〈www.tokyo-eiken.go.jp/assets/issue/journal/2011/pdf/01-19.pdf〉参照

植物工場野菜と露地野菜の生菌数の比較

植物工場では、外と完全に遮断されている空間で気温や光を調整し、環境を野菜にとってのベストコンディションに維持することができるので、季節や天候に左右されることはありません。そのため、一年中安定した品質の野菜が生産できます。いわば常旬野菜。栄養価も味も、旬のように高い野菜を、決まった収量で安定して出荷し続けることができます。

　一定品質の野菜を必要とする外食産業には特に、安定品質・安定供給が喜ばれます。ただ、不安定だからこそ、旬の良い時期に野菜が売れることを喜ぶ業者もいます。どちらが良い、悪いということではなく、双方の共存と棲み分けがこれからの農業に求められています。安定した出荷ができる植物工場は、露地野菜が抱える問題のソリューションとして、今後さらに役立つことになるでしょう。

●生菌数が少ない日持ちする野菜

　植物工場野菜が栄養価の高い常旬野菜であることに加え、無農薬栽培によってさらに価値が高められています。露地栽培の葉野菜は、調理の前に葉についた農薬を洗い流さなければいけません。せっかくの旬野菜であっても、洗浄によって多くの栄養分が失われてしまっています。

　しかし植物工場には虫が入らないよう管理されているため、虫を殺すための農薬を使わずに栽培することができます。しかも、大腸菌などが生息する土もなく、クリーンに保たれた水から野菜が育つため、生菌数が非常に少ないのです。分析の結果によると、露地野菜には1gあたり約1000万個の菌のコロニーが付着しており、洗浄脱水を繰り返してようやく約10万個に減ることが確認されています。一方で植物工場野菜の生菌数は、洗浄後の露地野菜のそれよりも2桁も3桁も少なく、およそ100個以下というデータが出ています（当社設備による野菜の生菌数）。そのため、洗わずにそのまま食べることができ、常旬野菜が含有する優れた栄養価を効率よく摂取することができます。

　また、生菌数が少ないということは、日持ちに関わってきます。植物工場で栽培された葉野菜は、10℃で冷蔵保存すれば9日間ほどは鮮度を保ちま

す。露地で栽培された葉野菜の鮮度は3日間ほどで、2〜3倍ほども日持ちが良いのです。

　これから植物工場が普及すれば、野菜の選択肢は増えていきます。旬野菜や根野菜は露地ものを、葉野菜は植物工場の野菜を、という使い分けも可能になります。そのとき、より無駄なく効率的に野菜のいいところを摂るには何をどう選べばいいのか、知識としてもっておくことが大切です。

5　トレーサビリティで安心・安全・安定が保証できる農業へ

●生産から流通までの情報を明らかに

　この数年で「トレーサビリティ」という言葉がよく聞かれるようになりました。トレーサビリティとは、足跡をたどるという意味の「トレース（trace）」と、できるという意味の「アビリティ（ability）」が合わさった言葉で、商品がどのように生産・加工され、流通したかという情報をたどることができるようにすることをいいます。安全性が求められる食品業界では、特にトレーサビリティが重要になってきています。

　植物工場でも同じように、栽培履歴をガラス張りにすることで安全性を明確に見せようとしています。使った種の種類、栽培された温度、肥料濃度、光の強さ、出荷時期、保存時の温度など、すべてを機械で管理し、その履歴を明確に残していきます。工業製品にシリアルナンバーがあるのと同じことで、何かトラブルが発生したときに、栽培履歴からその原因を探ることができるようになっています。

　これは、植物工場でないとできません。

　葉野菜やカット野菜など、生のまま食べる野菜については十分な安全が保証されることがますます求められてきています。スーパーやコンビニエンスストア、外食産業でも、サラダが当たり前に提供されていますが、野菜そのものを購入するときは産地を気にしても、サラダになってしまえば安全かどうかがはっきりとわからないままに口に入れているのが現状です。植物工場ではこうした曖昧な安全基準を統一し、トレーサビリティという付加価値を

つけ、無農薬で安心な野菜として今後普及していくと予想されます。

●流通改革が食生活を変える

　もともと、植物工場というと栽培設備そのものを指す言葉です。つくった野菜がどのように運ばれ売られるかという、栽培後のことは工場には無関係でした。しかし、トレーサビリティの概念が普及するにともない、植物工場の定義も広がってきました。20〜25℃の栽培環境で育てられた野菜を工場内では4〜5℃で保管し、衛生品質を維持したまま消費者の手元に届けるには、流通の段階でも4℃、店頭でも4℃の温度管理が求められます。生産段階のみならず、流通や販売までを含めたトレーサビリティが必要になると、どこまでの情報をオープンにするかという課題が出てきますが、それは、これから消費者も交えて決めていくことになるでしょう。だからこそ、それぞれの野菜にどんな栄養価があるか、保管時の温度が野菜にどのような影響を与えるか、環境が野菜にどのような影響を与えるかを、生産者だけでなく消費者も知っておくことが大切になってきます。

　これからは、ものづくりをする人も、売る人も、料理をする人も、食べる人も、みんなが意識を変えていくときです。野菜のもつ機能について知識があれば、子どもの成長をサポートする料理や高齢者の体に優しい料理など、それぞれの世代に合わせてより幅広く豊かな食生活を送ることができます。

第8章
植物工場とマーケティング

1　従来型農業の現状と課題

●農業が抱える問題

　農業をするには、作物を育てる知識に加えて、施肥、病害虫対策、感染予防など、さまざまな問題に対応するための経験が必要です。今、農家の方たちの平均年齢は66歳といわれており、経験も勘も豊富な人達が日本の農業を支えています。しかし、進む農家の高齢化に、後継者問題が浮かび上がってきています。農業の担い手不足により、農水省が若いフリーターを農家に転身させる策を実施していますが、経験不足が原因となってバトンタッチは進んでいません。また従来型農業は、回転が悪く季節や天候などに影響されるという問題点に加え、地球温暖化やPM2.5などの環境因子によってさらに不安定になっています。

　流通の仕組みにも問題があります。戦後の日本の農家が発展するために組織されたJA（農業協同組合）が、時代の変化に対応しきれていないことです。JAの流通機構は非常に複雑で、生産者からJAに持ち込まれた野菜は、市場や仲卸や小売店などの組織をいくつも介在してようやく生活者に届きます。そのため、コストが膨らんでしまうという問題はもちろん、なによりお客さんに近いところで野菜を販売することができないために、消費者の声が

生産者に直接届かないという問題があります。「こんな野菜がほしい」「こんな味がいい」という要望を聞くのは、農家の人ではなくスーパーの店員さんです。日本の農家は世界でもトップレベルの技術をもっているにもかかわらず、エンドユーザーの声が聞こえないためにその技術を応用してよりよいものを生産しようとする機会が生まれにくい構造になっています。現状の問題を解決するためには、こうした閉鎖的で一方通行な農業に風穴を開けることが必要なのではないでしょうか。

●TPPで日本の農家を世界へ

　貿易自由化を拡大するTPPへの参加によって、日本の農業は縮小してしまうのではという見方が強まっています。高齢化や環境汚染など、現在農家が抱えている問題を解決するためには、TPPを利用して日本の農家が海外に日本品質の優良野菜を輸出するなど、もっと積極的に打って出ることも必要ではないでしょうか。

　日本の農作物は、海外から非常に高い評価を受けています。人口の多い国で土地が汚染され農作物の供給が不安定になれば、輸入に頼ることになります。安全でおいしいものを求めれば、やはり日本産を選ぶことになるでしょう。特に中国の富裕層は、日本の農産物を好んで購入しています。高品質という付加価値がついた日本の農作物はプレミアム化され、ブランド品として海外で流通させていくことができます。これをビジネスチャンスと捉えるべきです。ビジネス感覚をもって農業経営をすることで日本の農業の技術的な飛躍にもつながり、労力の割に合わないと考えられている農業で十分な採算がとれるようになります。そうすれば担い手不足の解決も期待できます。

　現在農水省では、農家に補助金を出して植物工場経営への参画を促す施策も行われています。これもまた、農家にとってのビジネスチャンスです。植物工場野菜は日持ちがするので、コールドチェーンが整った日本の流通を利用すれば、新鮮なうちに海外の事業者や消費者に届けることもできます。野菜の輸出によって、従来の農業とは発想を変えた"攻める農業"へと転換していくことが今後の日本の農業には必要です。

2　食糧市場ニーズ

●**失敗する植物工場の理由**

　国が植物工場を推進していることもあり、日本各地で植物工場は増えつつあります。一般社団法人日本施設園芸協会の調査によると、太陽光型、人工光型、併用型を合わせるとその数は2015年時点でおよそ400施設にのぼります。しかしその現状はどうかというと、全体の70％以上が失敗している状態です。野菜が育たない、ということではありません。大半の事業者が赤字もしくは収支均衡で、事業として採算がとれていないのです。黒字収益が出ている事業者は全体の約25％程度です。

　なぜ大半が経営不振に陥っているのでしょうか。その理由はいろいろありますが、効率の悪い設備を選んだ結果、電気代が予想以上にかかり、それに見合う品質と対価がともなわないことが、最も大きな要因だと思われます。また、プラントを作って野菜ができたのはいいものの、それに見合う品質でなければ露地野菜より高い価格で売れるはずがありません。品質は植物工場の設備に直結しています。設備を安くあげればそれだけ品質も落ちます。最低限、その地域で売れる品質の野菜が生産できるレベルの設備は整えておかなければいけません。ですから、事業を始める前にどんな野菜がどんな品質でいくらで売れるか、マーケティング調査を行っておくことが必要不可欠なのです[13]。

●**売り込みには商品企画が大切**

　植物工場野菜をスーパーや外食産業に売り込む際は、バイヤーに対してどれだけ植物工場野菜をプレゼンテーションできるかが重要なポイントになります。

　特にスーパーでは、相見積もりをとって競合させるということはあまりな

---

[13]　「大規模施設園芸・植物工場　実態調査・事例集」日本施設園芸協会、2016年〈http://www.jgha.com/jisedai/h27/r2/h27r25.pdf〉

く、一度取引が決まればよほどのことがない限り契約は続きます。そこに新しい野菜を売り込むのは、簡単なことではありません。そこで大切なのが商品企画です。たとえば、同じフリルレタスでも、露地野菜とは味やサイズや数量を変えて提案してみるといいでしょう。露地野菜との価格競争を避けることができますし、消費者に多様な食の提案ができるので、スーパーにもメリットがあります。スーパーの場合は地域性も大事です。お客さんの年齢層や野菜の好みをしっかりヒアリングして、ニーズに合わせた野菜がつくれることや、露地野菜との違いを明確に示していくことで、植物工場野菜の魅力を伝えられるでしょう。

　外食産業に向けては、洗浄の必要がないことや、露地なら捨ててしまう下葉も無駄にならないことがアピールのポイントです。また、料理する人の求める味や形に合わせて作り込みができることもメリットです。たとえばハンバーガー店なら、挟みやすいように巻きがゆるいレタスが好まれます。細かな調整ができるということをバイヤーが知らないことも多いので、こちらから情報提供と提案をすることも大切です。

　このように、栽培の技術や知識だけでなく、マーケットの知識を備えておくことが、植物工場運営の大きな力になります。

● 植物工場の価格決定

　露地野菜と比べると、植物工場野菜の値段は高いという先入観もつきまといます。その根拠をしっかりと説明しなければ、ただ単に高い野菜だと思われてしまいます。どんな野菜を望むのかをヒアリングし、その野菜を育てるためにかかるコストを明確に出したうえで、だからこの値段になるという根拠を示して理解してもらう必要があります。露地野菜の価格もじりじりと上がってきている昨今、JAを通さずに直接スーパーなどに売り込む生産者も少なくなく、露地野菜も本来の原価システムで販売するケースが増えています。植物工場野菜の良さを示したうえで正当な価格決定を行うべきです。

　植物工場野菜の市場は今ようやくできつつある段階です。崩そうと思えばすぐに崩れ、逆にニーズに応える新しい野菜をつくればもっと広がりも生ま

れます。そのためには、今後工場を運営する人が、季節により大きく変動する露地野菜の価格の特性を見極めたうえで、しっかりとマーケットを作っていってほしいと思います。

● **多様化する食に向けて**

　一昔前は夜になると一家団欒で食事を楽しんだものですが、日本の食生活が豊かになるにつれ、食事風景のバリエーションがますます増えています。外食に出かけたり、お弁当を買ったり、簡単に調理できるキット化された食材が宅配されたりと、それぞれの生活スタイルに合わせた食を自由に選ぶことができるようになりました。

　食生活の多様化にともなって需要も複雑化しているため、供給する食材の販売方法も様変わりしています。家庭で料理をするにも、昔は魚屋や八百屋でそのままの食材が売られていましたが、今では洗ってカットした野菜の販売や、他の野菜とのセット販売などにより、調理や買い物が簡易化されています。スーパーでは、食材の横に岩塩やドレッシングなどの調味料を置いてレシピを提案したり、新鮮な野菜を使ったスムージーがその場で飲めるドリンクコーナーを併設したりと、ワンランク上の食を楽しむきっかけも一緒に提供されています。

　こうした食の多様化は今後ますます進んでいくと思われます。それは生活者だけでなく、野菜の生産者にとっても無関係なことではありません。これまでは、生産した野菜をJAに持ち込めば、その後はどこでどう加工されて誰に売られるかということはまったく預かり知らないことでした。しかし今後は、生産した野菜がどこで誰に必要とされるのか、その野菜はどんなルートで流通し、どう加工されるのかがすべてひもづいていきます。

　植物工場野菜もまた、食の多様化に対応する一つの手段です。コールドチェーンのネットワークや高齢者への野菜宅配、機能性野菜を使った病院食など、その特徴を活かした利用方法で可能性は広がります。これから先も食の多様化は続くと思われますが、植物工場の技術力もますます向上し続け、多様化に柔軟に対応していくと思います。

3　マイ野菜市民農園の成果と課題

● **高齢者に優しいビル中の農園**

　市民農園は1970年代後半に農地法の規制を守りながら趣味やレクレーションとして近郊都市の周辺で普及していきました。その背景には、江戸時代まで農業が中心であった日本列島に明治時代から紡績工場や重化学工業へと産業構造が変化していくにつれ、多数の労働者が地方から都市に移住をしてきました。1960年代には高度経済成長へと日本列島が改造されていくなか、千里ニュータウンや多摩ニュータウンがそれを支える人々の巨大な住居群になり、ふるさとでウサギを追いかけた山や川から切り離された郷愁や健康ブームからも近郊都市の周辺に市民農園が多数できていきました。

　この頃、素人ながら農作業に取り組んだ人々は30〜40代と若いサラリーマン家庭でしたが、30〜40年が経ちそれらの人々は高齢化を迎えると、もはや炎天下の露地栽培である郊外の市民農園に通うこともできなくなってきました。

　その頃から、郊外の駐車場の広い大型スーパーマーケットに客足を奪われシャッター街になった駅前ショッピングセンターの跡地に「マイ野菜市民農園」がつくられ、ビル中の農園であれば、露地栽培の市民農園を楽しんでいた人々も真夏の炎天下に熱中症にかかることなく、宇宙ステーションのような空間で親や祖父母が食育の観点からも子や孫と一緒に野菜を育てることで人気を呼んできました。

● **市民農園で作る楽しさを体験**

　とくに最近は、都心のビルの屋上などで野菜や果物を栽培する「市民農園」がブーム化しています。また、森久エンジニアリングのシステムを利用した屋内型の水耕栽培が、2011年6月からの約1年間、阪急逆瀬川駅（兵庫県宝塚市）の駅前ビルの一角で栽培スペースをレンタルする「マイ野菜市民農園」が運営されていました。空調や照明がコントロールされている栽培ベッドを借りて、地域の人が野菜づくりを楽しめるスペースで、駅から近

く、買い物のついでに気軽に立ち寄れるので多くの方に好評でした。また、栽培方法がわからなければ、いつでもスタッフに相談できるという環境も人気の理由の一つ。買ったものとは違い、味や食感を自分好みにアレンジできるので、作る段階での楽しさや自分で手間をかけて作った野菜を食べられるうれしさ、自分にしかできない野菜を作れる面白さは格別でした。播種や収穫のために農園に通ううち、利用者同士のコミュニケーションも生まれ、野菜と人とが触れ合える場所になっています。

　「植物工場」という言葉を耳にする機会は増えましたが、今はまだほとんどの方がその仕組みをよくわかっていません。太陽や土を使わずに人工的な環境で育てる植物工場に抱かれるイメージは、いわば誤解の塊です。市民農園は、植物工場を実体験することで栽培のしくみを知り、誤解を解くことができる手段です。

　また最近では、同じ施設内で野菜ソムリエによる料理教室などを開催する「ジャスナ農園」があります。野菜に関する知識も含め、植物工場の理解のために料理教室の人気が高まることがこれから農業の多様化を進めていくうえでとても重要です。

「マイ野菜市民農園」で水耕栽培を気軽に楽しむ人たち

4 プレミアム野菜の需要と供給体制

●同じ生産方式のネットワーク化

　当社では、同じシステムを利用した全国の植物工場のネットワークを構築し、共栄会として組織しています。横の連携をもつことで、機械トラブルなどで欠品が発生したときにお互いに補完し合うことができ、工場経営の安定化を図れます。また、自社工場の生産能力を超えた大量の注文にも、共同生産で対応することができます。生産や販売データなどの情報共有や人材の意識向上も含め、多角的に相互協力を行うことで植物工場を通じた食の健全な発展を目的としています。

　さらに、このネットワークのなかでも特に当社独自の方式に則って生産した品質の高いプレミアム野菜を「モーベル野菜」と位置づけ、モーベル野菜を生産する工場の共栄会も組織しています。モーベル共栄会の会員には当社の技術を開示し、当社が生産をサポートします。生産したモーベル野菜は当社が買取り、特徴あるプレミアム野菜として市場に流通させます。

●世界に通じるモーベル野菜の魅力

　モーベル野菜として認定されるのは、一定基準をクリアした野菜です。この基準には、三つのカテゴリーを設けています。

　一つ目が「**おいしい野菜**」。おいしさの基準は年齢によって異なりますが、それぞれの年齢層でおいしいといってもらえる野菜を追求し、作り込みます。将来は、ワインのように「甘味」「苦味」「食感」などをゲージで現すようなラベルが貼付された野菜が店頭に並び、消費者が好みの野菜を選べるようになります。

　二つ目は「**機能性**」。高齢化社会が進むなか、食を通じた未病や予防が注目を集めています。ビタミンなどの栄養素の含有量が一定以上の機能性野菜を生産し、健康な食を支えます。

　三つ目は「**安全・安心**」であること。生菌数を低く抑えることで、病院食や学校給食にも安心して使うことができます。また、菌が少ないために日持

第8章　植物工場とマーケティング

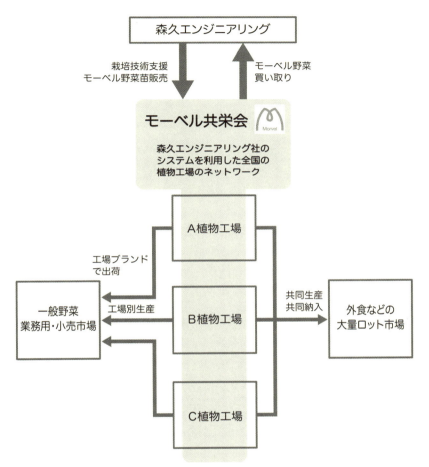

植物工場のシナジー効果を生み出す相互連携組織

ちが良く、洗わず食べられるという点は幅広い層に受け入れられるはずです。
　以上の三つのカテゴリーでそれぞれ基準を満たした野菜をモーベル野菜と認定します。
　お腹を満たし栄養を摂取するだけでなく、食事が楽しみになるようなおいしい野菜、それがモーベル野菜です。国内での需要はもちろんですが、日本がつくるブランド野菜は海外でも高い評価が得られると期待できます。

● **差別化で競争を避ける**

　モーベル野菜に認定される野菜は、高いレベルで標準化する必要があります。そのため、モーベル共栄会の会員である事業者には、当社の技術を結集したマニュアルを開示します。マニュアルがあれば、作業者が入れ替わっても指導の抜け落ちがなく、技術を確実に引き継ぐことができます。

　モーベル野菜の最大のメリットは、露地野菜との過度な競争を避けることができる点です。モーベル野菜には、前項で述べたようなプレミアム野菜としての特長があり、一般的な野菜と区別して販売することができます。野菜のマーケットが広がるので、露地野菜と販路を奪い合ったり価格競争に陥ったりすることなく、両者が消費者にとっての選択肢の一つとして共存共栄することができます。

　もちろん、せっかく自社工場で野菜を生産するのですから、モーベル野菜だけではなく、自社ブランドも開発してほしいと思います。その地域の人々に好まれる野菜を作ることも、植物工場の大きな役割の一つです。一部でモーベル野菜を作り安定的な販路を確保しながら、その地域にあったマーケティングで野菜を作る。そうすることで、多様化する食生活へさまざまな提案ができ、植物工場のニーズは確実に広がります。

5　拙速な海外へのプラント輸出は避ける

● **輸出による想定内リスク**

　これからの農業は、プレミアム化した日本の野菜を輸出することに課題解決の糸口があると考えています。ここ最近では、野菜だけではなく、植物工場自体を輸出しようという動きが政府によって進められています。しかし、プラントの輸出は慎重に判断するべきです。

　プラントを建設するとなると、立地としては人件費も電気代も安い、東アジア・東南アジアの諸国や中東が考えられますが、まだインフラがしっかりと整備されていない国も多く、2〜3日の停電が起こることもしょっちゅう

第8章　植物工場とマーケティング

です。植物工場では、停電が1日続けば野菜はすべてダメになってしまいます。

　水質も良くありません。水が悪ければ野菜の品質も悪くなり、安全性を謳うことができなくなってしまいます。水質を良くするためには、水を引き込む前にフィルターなどを通して処理を行う必要がありますが、コストが上がります。

　また、作業者の意識レベルも日本とはあまりに違います。日本は消費者の衛生意識が高いため、作業者の安全衛生への意識レベルも高く保たれていますが、この考えは海外では通用しません。植物工場の安全衛生は、半分以上は作業を行う人の意識にかかっています。いくら設備面で衛生を保っていても、人にその意識がなければ虫や菌が侵入してしまい、クリーンな植物工場という定義は簡単に崩れてしまいます。

　また、海外では、コールドチェーンも整っていません。せっかく温度管理をして生菌数の少ない野菜を作ったとしても、常温で輸送されてしまい、店頭で並ぶころには露地野菜と変わらない生菌数になってしまいます。

　このように、プラントを建設して技術を輸出したところで、日本と同じ品質の野菜を作ることは難しく、事業として成功しないリスクも高いのです。

●ダノンヨーグルトの例

　2006年、バングラデシュにあるグラミン銀行が、ソーシャル・ビジネスとして初めてフランスの食品会社ダノングループとの合弁事業を手がけました。これは、約50％の子どもが栄養失調に陥っているバングラデシュにヨーグルト工場を作り、子どもたちに高い栄養のあるヨーグルトを提供するという目的で始まったものでした。当初、ダノンは大規模工場を建設する予定でした。そうでないと採算が取れないためです。しかしバングラデシュにはチルドの体制が整っていないため、結局、バイオガス発電とソーラーパネルで電気を補う小規模工場を建設し、農家から牛乳を調達してヨーグルトを生産することになりました。配達は「グラミンレディ」と呼ばれる地域の女性が戸別訪問で届けています。

植物工場のプラント輸出は、このダノンの例に似ています。食糧不足で困窮する国へのODAとして植物工場を建設し、野菜の供給をしようという計画が動いています。この人道的なストーリーは非常に美しく見えます。しかし、日本で考える技術をそのまま後進国に輸出しようとしても、そこには問題が山積みなのです。

●日本の農業への打撃は必至

　仮に、発展途上国に莫大な投資を行ってインフラとコールドチェーンを整備したとしましょう。海外の安い人件費と電気代で野菜が生産でき、流通経路を確保できれば、次に起こることは想像に難くありません。価格の安い野菜が大量生産され、日本に逆輸入されてしまうということです。そうなれば、日本の農業が大きなダメージを受けることは確実です。一度流出した技術は取り返すことができません。先の先までを見据えれば、製造プロセスまで売ることは日本のメリットにはなりません。野菜という産物を売るだけでも十分にビジネスができるので、農家を守るためにも、今の段階ではプラントを輸出することは避けるべきです。

　また、野菜の逆輸入によって、流通する植物工場野菜の品質が低下してしまう恐れもあります。安全衛生や品質に対する意識の違いがあるため、海外では、日本のようにきめ細かな野菜づくりは難しいでしょう。

　これからの植物工場の発展には、おいしくて安心安全なプレミアム野菜を生活者の舌に根付かせることや、さまざまな世代の要求にきめ細かに応えられる人に優しいカスタムメイド野菜をいつでも食卓に届けることが、最も大切なことなのです。

まとめ　未来農業への提言

森　一生（森久エンジニアリング代表取締役社長）

もっと豊かに、もっとつましく

　海外旅行をすると、「食文化や習慣は国によってこうも違うものか」と驚くことも多々ありますが、一方で、「これは、日本の特有の文化で今後世界に広めるべき食のあり方ではないか」と思われる点に改めて気がつくことが多々あります。たとえば、各家庭で作られる手料理でも、多くの国では、食べ残すほどたくさん出すのが当たり前になっています。これは、「お客さんにひもじい思いをさせないように」とのおもてなしのうえでの配慮ですが、日本人なら「食べ残すのは、相手に失礼だし、もったいない」という気持ちが強く働くと思います。「お百姓さんが一生懸命に作った尊い食べ物だから、無駄にしない」という考え方は、資源に陰りが見え始めた、また、世界的に人口が増えている昨今の世界の中では最も大事な部分ではないでしょうか？　交通や情報のボーダレス化により、地球の規模が小さくなっているなかで、限られた資源をどのように最適分配するかは、我々に課された大きな課題だと思います。

　農産物、水産物、畜産製品、工業製品問わず、第一次、第二次産業の製品は、すべからく材料を必要とします。そして、その材料は、地球上の資源を分配加工することから成り立っています。

　20世紀は、戦争の特需による大量生産大量消費にはじまり、戦後は、我が国に限れば、ケインズ政策に誘導された高度経済成長時代の大量生産大量消費などが、大きく経済を成長させ、われわれ国民は、豊かさを享受してきました。また、経済が豊かになった結果、我が国は、ODAなどを通じて海外の貧困に悩む国々に様々な援助を行い、地球規模での幸福の底上げを続けています。民間レベルでも、NGOなどの貢献も顕著です。医療援助、農業

技術の支援、食糧援助、インフラの整備などかなり多くの分野で発展途上国の底上げに貢献しているのは間違いありません。もちろん、日本だけではなく、他の国々も同様の支援を続けていますが、その結果発展途上国の多くの国が近代化し、人口も増えて豊かになってきました。それ自体は、素晴らしいことではありますが、資源には限りがあり、それらをどのように分配消費するかという立場から見ると、食糧援助や医療援助とともにバースコントロールや資源を無駄使いしないような道徳や教育、さらには省エネ技術の輸出も同一レベルでセットすべきものではないでしょうか。すべては有限であり、その中から作られたものは、大事にするという意識があって、本当の幸せを享受できるようになると思うのです。

　フードマイレージという言葉がありますが、ただ、遠隔地で作られた食料を飛行機や船で運ぶとそのために石油が必要となり、環境に負荷をかけますが、たとえば、タンカーなどは、産油国から石油を搭載して持ち帰る復路では満載状態ですが、産油国に向かう往路では空便です。中東は、気温が高く、野菜ができない環境であるため、野菜はすべて輸入に依存していますが、タンカーの中で往路、野菜を栽培し、中東に到着したら野菜を販売し、復路では石油を持ち帰るなどの工夫があれば、野菜の輸送コストも、環境への負荷も軽減できます。こうした取り組みは、すでに船会社などでは計画されていますが、どの分野でも、もっと地球規模で拡大すべきテーマだと思います。

　一方で、多くの先進国が、高齢化という課題に直面しています。高齢化は、一つの現象で悲観するようなことではありませんが、若年世代と高齢者世代では、生活の質や習慣が大きく異なります。高齢者の割合が増えてくると交通手段や食生活、住居などの身の回りの生活環境を見直す必要に迫られます。人は高齢になると、各人各様の特徴がはっきりしてきます。体調面を取り上げてみても、高血圧、糖尿病、動脈硬化……などの多くの不調とお付き合いしながら生活する必要が生じますが、これらを抑制したり、予防するための基本が食の改善にあります。いわゆる、「予防医学」といわれる考え方が21世紀になって注目されるようになってきたのもこうした実情から当

然のことと思われます。食の改善を図るうえで、必要不可欠な条件とは、各人各様のニーズに応じた最適な栄養価の食材を、適切に摂取することです。これは、作り手から見ると多種少量生産への対応ということになります。20世紀は、規格大量生産の時代で、少品種大量生産でよかったものが、21世紀は、その反対の概念での生産が必要になっています。

　筆者は、前述した、限りある資源の分配を最適化することと、高齢化社会での多種少量生産のベクトル軸は、野菜生産に限れば、生産方法を工夫することにより、ほぼ一致するのではないかと見ています。高齢化社会では、家族数も少なくなっており、一度の食事でそんなに多くの食材を必要としません。それよりも、栄養価の高い、おいしい食材を楽しんで食べることが幸福感を拡大します。すなわち、作り手は、たとえば野菜を例にとると食べ残しが出るほどの大きな野菜を作るのではなく、必要なサイズのものが必要なだけ供給されるシステムを作れば、廃棄ロスもなくなり、それに伴う肥料などの貴重な資源も節約できるのです。

　また、少ない食材であっても、種類が豊富にあれば、料理の幅も広がります。植物工場野菜の普及が進めば、オーダーメイドの野菜が毎日食卓をにぎわすことにもなります。新しい食材を利用した新たな料理のメニューも生まれてくることでしょう。高齢化に対応することは、資源の無駄使いを抑えて、新たな可能性を創造する大いなるチャンスとなりえます。

　植物工場野菜が、その一助となれば本当にうれしく思います。

著者紹介

森 一生（もり かずお）
第1章、第2章［6節］、第5章、第6章、第7章、第8章［1・2・4・5節］、まとめ

森久エンジニアリング代表取締役社長、同志社大学経済学部卒。

三菱電機より技術供与を受けて製品開発を行う家業を継ぎ、約30年前から蛍光灯を光源にした植物工場開発に取り組む。植物工場の市場調査のため、北海道から九州までキャラバンを行い、農業の実態と植物工場の聞き取り調査を行う。その成果を活かし国内初の反射式蛍光灯植物工場を納入、国内初の日産1500株のレタス工場を完成。遠洋航海用植物工場システムを開発。その後、放物面反射方式を開発し特許を取得、蛍光灯の反射板は省エネ＆省スペースの高効率・高速栽培を実現し、世界で初めて結球レタスの栽培に成功。宝塚市でマイ野菜市民農園のレンタル型植物工場設備を開発・納入・共同運営をした。

現在までに、放物面反射板による高反射省エネ照明設備を使用した植物工場システムを全国に向けて11基を納入、すべて黒字経営の実績をあげている。

現在、神戸大学農学部と連携しイチゴの研究を開始。また、植物工場の特徴を最大限に生かした高品質野菜「モーベル」シリーズを完成、森久方式の植物工場を「みらいの里山」、そこで栽培される野菜を「常旬たより」とネーミングする。

岡明 理恵（おかあき りえ）第2章［1・2・3・4・5節］

日本野菜ソムリエ協会認定アクティブ野菜ソムリエ、料理研究家。

野菜ソムリエとして生産者と生活者の笑顔を繋ぐことをモットーに活動。20代後半に肌荒れや健康トラブルを食生活で改善し、「美しい女性は野菜をたっぷり食べている」と野菜のチカラを実感。その経験から、レシピの提案や料理教室・野菜講座を主宰。また、自ら市民農園の「ジャスナ農園」で完全人工光型の水耕栽培で野菜を育てその成果を公開したり、産地野菜のブランディングにも力を注ぐ。2015年第4回野菜ソムリエアワードに近畿地区代表として出場。

畑 祥雄（はた よしお）はじめに、第8章［3節］

関西学院大学総合政策学部教授メディア情報学科所属、関学サイエンス映像研究センター長、写真家／映像プロデューサー。

写真集『背番号のない青春』、文／写真集『西風のコロンブス』出版。咲くやこの花賞（大阪市新進芸術作家賞）受賞。写真集『HANAKO』個展招待（ロッテルダムフォトビエンナーレ）。監督「シャモとレンコン畑」グランプリ受賞（京都国際映画祭ハイビジョンフェスタ）。『国際連合の基礎知識』（関西学院大学総合政策学部発行）関西学院大学総合政策学部編集委員会／出版プロデューサー。マイ野菜市民農園「晴耕雨読」プロジェクト総合プロデューサー。作品コレクション京都国立近代美術館など。

座談会協力

小野 裕美（おの ひろみ）
　ドクターミール 代表取締役、栄養学博士。
　「食は命なり」「医食同源」の考え方のもと、「医と食とこころ」をつなぐ担い手を目指し、食からの健康発信をコンセプトにした株式会社ドクターミール（http://www.dr-meal.com）を専業主婦から起業（1997年11月）。女子栄養大学大学院卒業。現在、女子栄養大学大学院臨床栄養医学研究室所属。北関東医学会最優秀論文賞受賞（2015年2月）。NPO法人栄養医学協会理事長、医療法人社団ヒロメディカル副理事長、公益社団法人兵庫県食生活改善協会監事。

....

編集　関西学院大学サイエンス映像研究センター
　社会の複雑な問題、未解明な自然現象、深遠な未知の宇宙、生命を解き明かす医学、教育と視覚教材などのテーマの映像化を研究。約1万8千年前のアルタミラの洞窟壁画から、目から入る情報を「絵画」として使う人類は、「文字」で理解する約2千年の短い歴史を越え、現在は、「映像」（写真・映画・テレビ・CGアニメ・バーチャルリアリティ）技術を加え、視覚で伝える表現を大飛躍させた。その研究と表現技法を社会に公開していく大学発のシンクプロダクションとして活動している。

編集アシスタント：山本佳弥
写真：松村直樹、畑祥雄
ロゴデザイン（カバージャケット折返しに掲載）：奥村昭夫
撮影協力：ジャスナ農園、宝塚メディア図書館／マイ野菜市民農園、大阪国際メディア図書館

みらいの里山つくり
　植物工場からオーダメイド野菜が届く

2016年12月1日 初版第一刷発行

編　集　関西学院大学サイエンス映像研究センター
著　者　森 一生　岡明 理恵　畑 祥雄

発行者　田中きく代
発行所　関西学院大学出版会
所在地　〒 662-0891
　　　　兵庫県西宮市上ケ原一番町 1-155
電　話　0798-53-7002

印　刷　協和印刷株式会社

©2016 Kazuo Mori, Rie Okaaki, Yoshio Hata
Printed in Japan by Kwansei Gakuin University Press
ISBN 978-4-86283-229-0
乱丁・落丁本はお取り替えいたします。
本書の全部または一部を無断で複写・複製することを禁じます。